全球变暖背景下的土壤水分时空演化格局探究

刘杨晓月　杨雅萍　著

科学出版社

北京

内 容 简 介

土壤水分是能够敏感响应气候变化和水循环特征的地表关键环境要素。近年来，国内外针对土壤水分数据获取与应用已开展了深入研究，并取得了一系列成果，但是针对全球变暖背景下土壤水分的时空响应机制与归因分析的研究尚在起步阶段，急需系统深入探索土壤水分演化格局与驱动力分析。本书从土壤水分含义出发，在详细阐述土壤水分数据产品研制方法发展史的基础上，梳理了多套土壤水分数据产品的特点，并以多深度长时序的土壤水分数据产品为主要对象，从全球、东亚、典型区（青藏高原、蒙古高原）三类不同视角开展土壤水分时空演化规律推演与归因分析，揭示近70年来土壤水分与自然/人为因素的耦合协变效应。

本书主要供从事水文水资源研究的科研人员，以及水土保持相关领域的政府决策者阅读参考。

审图号：GS 京(2023)0719 号

图书在版编目(CIP)数据

全球变暖背景下的土壤水分时空演化格局探究／刘杨晓月，杨雅萍著. —北京：科学出版社，2023.3
ISBN 978-7-03-075151-5

Ⅰ. ①全… Ⅱ. ①刘…②杨… Ⅲ. ①全球变暖-关系-土壤水-研究 Ⅳ. ①S152.7

中国国家版本馆 CIP 数据核字（2023）第 044923 号

责任编辑：刘　超／责任校对：樊雅琼
责任印制：吴兆东／封面设计：无极书装

科学出版社 出版
北京东黄城根北街 16 号
邮政编码：100717
http://www.sciencep.com

北京建宏印刷有限公司印刷
科学出版社发行　各地新华书店经销

*

2023 年 3 月第 一 版　　开本：787×1092　1/16
2024 年 8 月第三次印刷　印张：11
字数：300 000

定价：150.00 元
（如有印装质量问题，我社负责调换）

前言

2021年中央一号文件提出加快农业现代化，建设旱涝保收、高产稳产高标准农田，保障农作物产量。土壤水分是全球水循环系统的关键组成要素，能够直接影响植被蒸腾及光合作用，开展土壤水分时空演化格局分析对于农作物长势分析与产量估算具有重要意义。

在此背景下，本书旨在通过对全球及重点区域长达70年的土壤水分演化格局分析及驱动机制探索，明晰气候变暖背景下的多深度土壤水分响应程度及其地理分异规律，厘清土壤水分演化的自然因素和人为因素驱动机制，为进行多尺度地表水循环过程分析、气候演化研究、农业旱涝预警等提供分析依据与科学方法支撑。

全书各章主要内容如下。

第1章：绪论，分析土壤水分的研究背景，阐述研究的重要意义；回顾了原始土壤水分数据主流获取方法，全面梳理了土壤水分数据产品质量提升方法，展望了未来土壤水分数据产品的改进方向。

第2章：土壤水分时空演化格局分析数据来源与技术方法，详细阐述了本书后续章节研究过程中使用的数据集、数据预处理方法与数据分析方法。

第3章：全球土壤水分时空演化格局，立足全球，发现土壤水分自1999年起呈现整体下降趋势，下降速度与土层深度呈现正相关；显著干化区域主要分布在人类活动密集区，显著湿化区域主要分布在气候环境严酷、人迹罕至的地域；降水和牲畜饲养取水分别是导致土壤水分变化的主要自然和人为原因。

第4章：中国部分区域土壤水分时空演化格局，聚焦中国土壤水分显著湿化和干化的区域，发现土壤水分呈现不平衡的演化趋势，土壤干化区域主要分布在华北平原和松辽平原，土壤湿化区域主要位于昆仑山和天山山脉；干化速率与土层深度呈正相关，而湿化速率与土层深度呈负相关；深层土壤水分对人类取水活动更敏感。

第 5 章：青藏高原土壤水分时空演化格局，剖析青藏高原，发现土壤湿化区域集中分布在北部，并伴随着充足的水分补给和轻微的升温；土壤干化区域零散分布在西南和东北部，并伴随着水分补给下降和显著升温；普遍升温背景下，降水和融雪是驱动土壤水分演化的主导因素。

第 6 章：蒙古高原土壤水分时空演化格局，深耕蒙古高原，发现土壤含水量与土层深度正相关，同时，土壤干化速率与土层深度也呈正相关，因此，不同深度的土壤含水量差异越来越小；降水和蒸发是影响土壤水分时空动态演化的主导因素；随着土层加深，土壤温度对土壤水分的影响愈发显著。

第 7 章：讨论与结论，对本书的研究成果进行总结，并对未来的研究进行展望。

本书的出版得到了中国工程科技知识中心–地理资源与生态专业知识服务系统（CKCEST-2021-2-10）、第二次青藏高原综合科学考察研究任务九：地质环境与灾害（2019QZKK0906）、中国科学院网络安全和信息化专项应用示范项目（CAS-WX2021SF-0106-03）、蒙古高原资源环境要素综合考察（2019FY102001）、国家自然科学基金青年项目（42101475）、国家重点研发计划（2022YFF0711603）、国家地球科学数据中心、中国科学院地球系统科学数据中心等项目的联合资助，得到了中国科学院地理科学与资源研究所的支持。

由于著者水平有限，书中不足之处在所难免，敬请读者指正。

作　者

2022 年 12 月

目　录

前言
第1章　绪论 ··· 1
  1.1　研究背景与意义 ··· 1
  1.2　土壤水分及其数据产品简介 ·· 3
  1.3　土壤水分数据产品质量提升模型 ································· 12
  1.4　土壤水分应用 ·· 32
  1.5　进展与挑战 ··· 35
  1.6　本章小结 ·· 39
第2章　土壤水分时空演化格局分析数据来源与技术方法 ········ 41
  2.1　数据来源 ·· 41
  2.2　技术方法 ·· 46
  2.3　本章小结 ·· 49
第3章　全球土壤水分时空演化格局 ······································· 50
  3.1　时空动态变化趋势特征 ··· 50
  3.2　归因分析 ·· 58
  3.3　本章小结 ·· 78
第4章　中国部分区域土壤水分时空演化格局 ·························· 80
  4.1　研究区概况 ··· 80
  4.2　时空动态变化趋势特征 ··· 81
  4.3　归因分析 ·· 90
  4.4　本章小结 ··· 105
第5章　青藏高原土壤水分时空演化格局 ································ 107
  5.1　研究区概况 ··· 107
  5.2　时空动态变化趋势特征 ·· 108
  5.3　归因分析 ··· 118
  5.4　本章小结 ··· 122
第6章　蒙古高原土壤水分时空演化格局 ································ 125

6.1 研究区概况 ·· 125
6.2 时空动态变化趋势特征 ······································ 126
6.3 归因分析 ·· 136
6.4 本章小结 ·· 143

第7章 讨论与结论 ·· 146
7.1 讨论 ·· 146
7.2 结论 ·· 146

参考文献 ·· 149

第 1 章 绪 论

1.1 研究背景与意义

土壤水分，即土层中的含水量，是水文循环系统中的关键组分（Deng et al., 2020a；Dorigo and De Jeu 2016；Gruber et al., 2019）。作为连接大气降水、地表水、地下水和植被水的纽带，土壤水分在陆表与大气能量交换、物质（碳、氮、磷、钾等元素）存储与传输过程中扮演至关重要的角色（Chen et al., 2014；Koster et al., 2004；Swenson et al., 2008）。因此，土壤水分被视为科学分析理解地球系统过程（如气候变化、生态演化）的必要自然要素。此外，含水量是土壤最重要的属性特征之一，土壤水分是陆生植物的生命源泉，对于农作物和自然植被而言，不论降水还是灌溉均需转化为土壤水才能被植物吸收。土壤水分时空分布及演化规律对开展区域乃至全球气候变化研究、地球化学探索、生态系统演变、水循环分析、植被长势预判、旱涝灾害监测具有关键指示意义和参考价值（Flanagan and Johnson 2005；Xu et al., 2004）。鉴于土壤水分的重要性和特殊地位，相关领域研究越发受到关注，近半个世纪以来国内外科研机构围绕数据获取与质量提升、作物长势分析与估产、气候变化耦合效应等诸多方向开展了系列研究（Liu et al., 2020a；Liu et al., 2020c；Mladenova et al., 2019；Yang et al., 2018）。

土壤水分是表征气候变化的敏感指示因子。一方面，土壤水分在与降水（Koster et al., 2003）、温度（Xu et al., 2004）、植被（Zwieback et al., 2018）、蒸发（Delworth and Manabe 1988）、土地覆被（Line et al., 2003）等要素的非线性紧密耦合作用下，呈现季节和年际波动。另一方面，近几十年来全球人口快速增长，经济水平飞速发展，人类活动强度日益增长，对水资源可持续供给造成巨大压力和挑战（Colaizzi et al., 2003；Döll et al., 2012；Puy et al.,

2021；Qiu et al.，2016）。多种人类活动取水（如家庭用水、灌溉、电力用水、畜牧业用水、制造业用水、采矿业用水）给土壤水分的时空分布与演化趋势带来不同程度的直接或间接影响（He et al.，2021）。因此，土壤水分的波动效应是在自然和人为多要素联合驱动下的综合表达。全球升温背景下气候变化关注度与日俱增，探索土壤水分对气候变化的响应机制是揭示地表水资源动态分布格局特征的关键途径。

  土壤水分对气候变化的响应已被认为是全球变化的核心问题，诸多学者针对土壤水分演化格局与驱动机制进行了综合研究并取得系列进展。有学者基于多源星载传感器融合反演的1988~2010年土壤水分数据开展趋势分析，结果表明73%的区域出现不同程度的下降趋势（Dorigo et al.，2012）。Feng和Zhang（2015）利用欧洲航天局研制的土壤水分融合数据检验普遍认可的"干旱区越来越干，湿润区越来越湿（dry gets drier, wet gets wetter, DGDWGW）"理念，发现这一现象被过度估计，仅有51.63%的区域符合DGDWGW趋势。Meng等（2022）以蒙古高原为研究区评价了1982~2019年气候要素对土壤水分波动效应的影响，发现降水量下降与潜在蒸散量上升导致土壤呈现干化趋势。Jia等（2017）基于长期站点观测数据阐明了黄土高原深层土壤含水量在植树造林区域的显著下降现象。Zhang等（2019a）从历史回溯与未来预测双重视角分析了喜马拉雅-青藏高原区域土壤水分的变化情况，指出在降水有所增加与潜在蒸散显著增加的驱动下，土壤水分自2010年起持续下降且速率越来越快。Liu等（2015）分析了1983~2012年中国东北耕地区域的土壤水分变化特征，证实农业耕作显著加剧土壤干化，在作物生长季趋势更甚。

  近半个世纪以来，国内外围绕高精度土壤水分数据获取开展了大量探索研究工作。站点实测（Dorigo et al.，2011）、卫星反演（Peng et al.，2017）、模型同化（Gevaert et al.，2018）成为获取多尺度、多频率、多深度土壤水分数据的三类主要方法。海量多模态的数据产品为分析全球变暖背景下的土壤水分时空演化特征提供了前所未有的机遇。此外，土壤水分能够直接影响植被蒸腾及光合作用，开展土壤水分演化趋势研究对于农作物长势分析与产量估算具有重要意义，对保障粮食安全、促进生态文明建设、推进区域可持续发展具有战略价值。在全球气候和土地利用/土地覆被格局迅速变化的背景下，全球多区域、多深度、长时序土壤的干湿化趋势及其驱动机制研究尚处在探索阶段。因此，本书在综合对比多源异构土壤水分数据产品特性的基础上，利用全球月尺度再分析数据产品对土壤水分的时空演化格局进行研究。在空间尺度范围上，基于全球、东亚、典型区（青藏高原、蒙古高原）三种视角，综合分析土壤水分的季节波动、年际趋势以及在不同气候带、不同下垫面类型呈现的地理分异规律。在定量化表达土壤水分干化/湿化趋势的基础上，进一步开展归因分析，从自然因素（如降水、温度、植被、蒸发）和人为因素（如家庭、农业灌溉、饲养牲畜、发电、手工业、采矿业涉及的取水活动）两方面分析引起土壤水分演变的原因，为促进土壤水分调节管理、保障粮食安全、助力可持续发展提供辅助参考。

本书旨在通过对全球及重点区域长达 70 年的土壤水分的演化格局分析及驱动机制探索，明晰气候变暖背景下的多深度土壤水分响应程度及其地理分异规律，厘清导致土壤水分演化的自然因素和人为因素驱动机制，为进行多尺度地表水循环过程分析、气候演化研究、农业旱涝预警等提供分析依据与科学方法支撑。这不仅对于掌握地表水资源分布与流动趋势、推进农田旱涝预警及作物估产研究以及全球生态系统演替研究具有重要的参考价值，而且对于有关部门制定水土保持战略方针与贯彻落实科学治理具有重要的辅助指导意义。

1.2 土壤水分及其数据产品简介

1.2.1 土壤水分的含义

土壤水分是指储存在非饱和土壤地带的水分含量，非饱和土壤地带是指地表至地下水面（潜水面）之间的土壤层（Seneviratne et al.，2010）。体积含水量是经典的土壤水分测量单位，即单位体积的土壤中水分的体积，用 m^3/m^3 表示；重量百分比也是土壤水分的常用测量单位，即样本所含水分重量与烘干土壤重量的比值，以百分数表示。

1.2.2 土壤水分数据产品简介

在过去的数十年中，围绕土壤水分数据估算获取开展了大量的攻关研究，研制了一批适用于科学研究的全球尺度土壤水分数据产品（Babaeian et al.，2018；Leng et al.，2016；Sadeghi et al.，2017）。为了满足对土壤水分研究与应用日益增长的需求，土壤水分传感器和反演算法不断升级改造，数据产品质量，包括空间范围、时间尺度、空间分辨率、时间频率、时滞和数据精度都得到了持续地迭代优化。然而，鉴于目前的土壤水分数据产品状况与实际应用需求之间的差距，在时空完整性与拓展性、数据精度与稳定性方面还有很长的路要走。因此，需要适时地总结梳理土壤水分获取技术方法的阶段性进展，指出土壤水分监测未来面临的机遇和挑战，以便温故而知新。当前，主流的土壤水分原始信息获取方法包括地表传感器和星载传感器两类（Gruber et al.，2013；Li et al.，2021e；Wang and Qu，2009）。

1. 点尺度原始土壤水分数据获取——地面监测网络

鉴于土壤水分在地球系统领域显著的科学意义和应用价值，苏联和蒙古国自20世纪50年代就开始测量记录地表土壤水分（Liu et al.，2020a；Sheffield and Wood，2006；Walker and Houser，2001）。地面监测网络能够以小时乃至亚小时采样频率便捷地获取精确位置和深度的土壤水分值。发展至今，传感器和组网技术均已相对成熟，且成本较低。然而，由于土壤水分领域的科学研究目标多元化，各研究机构建立的地面监测网络具有不同的站点密度、观测频率、监测深度、传感器类型、空间覆盖范围与时间覆盖区间。依据使用习惯，各机构获取的土壤水分数据以重力体积单位（g/cm^3）、体积单位（m^3/m^3）或田间持水量等多元化方式表达（Peng et al.，2017）。各地面监测网络基于研究机构所在国家的官方语言进行元数据编写、数据发布与共享。因此，诸多的异质性表达阻碍了地面监测网络数据的便捷获取与规范化汇聚整理。

针对上述难题，国际土壤水分网络（International Soil Moisture Network，ISMN，https：//ismn.geo.tuwien.ac.at/en/）致力于打造一个全球化的土壤水分实测数据集中仓储平台（Dorigo et al.，2011；Dorigo et al.，2013；Gruber et al.，2013）。该平台旨在从全球范围内业务化运行的地面监测网络中收集土壤水分数据，将共享技术和协议标准化处理，并使其可供用户快速获取和使用。截至2022年6月，共有来自欧洲、北美洲、南美洲、亚洲、非洲、大洋洲的73个地面监测网络数据（包括超过2800个站点）向公众开放。除了土壤水分，

ISMN 还集成了相关的气象要素，如土壤温度和降水，能够为土壤水分演化特征的综合分析提供重要的补充依据。当下 ISMN 已成为全球范围内越来越受欢迎的土壤水分地面实测数据仓储平台（Albergel et al., 2012；Beck et al., 2021；Chen et al., 2017；Dorigo et al., 2015；Griesfeller et al., 2016；Liu et al., 2020a；Ma et al., 2019；Paulik et al., 2014）。随着地面监测网络的扩张和数据的持续更新，ISMN 已经成为一个公认的、充满活力的全球土壤水分地面监测数据库。此外，美国也建立了国家土壤水分监测网络平台（http://nationalsoilmoisture.com/），该平台的数据及时手动更新，时滞为 1 天，截至 2022 年 7 月，共有 24 个位于美国的地面监测网络数据开放共享。

然而，尽管地面监测网络数据越来越标准化和丰富，点尺度的数据仍然很难代表大区域的土壤水分情况。地面监测网络获取的点尺度数据有限的时间和空间覆盖范围极大地限制了其在大尺度范围、长时序科学研究和探索中的应用。因此，地面监测网络数据通常作为参考数据参与对其他方法获取的多尺度土壤水分数据的评价与真实性检验。

2. 大尺度范围原始土壤水分数据获取——星载传感器

鉴于科学研究迫切需要获得全球范围的近实时土壤水分数据，自 20 世纪 70 年代开始，星载遥感技术已逐渐成为获取全球尺度连续时间序列地表土壤水分数据的一种充满前景的方法。基于星载传感器信号反演的丰富的土壤水分数据为进行相关科学分析和应用提供了前所未有的机遇。多波段遥感数据，包括光学波段、热红外波段和微波波段，均被用于反演土壤水分（Chen et al., 2012）。在光学和热红外遥感数据反演过程中，主要基于土壤表面发射率和地表温度来反演土壤水分（Goward et al., 2002）。但是该反演模型主要是依土壤水分与地表状态指数［如植被指数（Quiring and Ganesh, 2010）、归一化植被指数（Gu et al., 2008）、温度植被干旱指数（Patel et al., 2009）、土壤湿度指数（Mallick et al., 2009）］的经验关系而建立，难以满足在大尺度范围和多元气候区的应用。此外，光学与热红外信号非常容易受到云雨天气、密集植被覆盖和气溶胶光学厚度的影响。光学遥感仅能探测地表 1mm 深度处的反射率和发射率，对于水文和农业领域研究应用而言，若干厘米深度处的土壤水分数据远比 1mm 深度处的数据有意义得多。

相比光学和热红外信号，微波信号不受阴雨天气的影响，地表穿透深度可达 0~5cm，在土壤水分反演方面具有显著优势。根据传感器不同的工作模式，微波遥感技术可分为基于主动微波和被动微波两大类。主动微波传感器向探测目标发送信号，接收信号与目标相互作用后的后向散射信号；被动微波传感器本身不发射信号，直接接收下垫面目标反射和发射的信号（Barrett et al., 2009; Wagner et al., 2012; Walker et al., 2004）。目前，主动和被动微波信号都被广泛应用于地表土壤含水量反演。如表1.1所示，在过去的半个世纪中大量的土壤水分产品接连问世。通过在水文领域及相关科学探索研究中的应用，这些产品有效地促进了对土壤水分时空演变特征以及土壤水分与全球气候变化耦合响应机制的理解。除了列出的全球范围产品外，还有一些研究项目侧重于获取特定植被覆盖区或气候带的高精度土壤水分（Abowarda et al., 2021; Carlson et al., 1990; Zhao et al., 2017）。

通常来说，主动微波遥感反演的数据空间分辨率较高而时间分辨率较低，且易受到地表粗糙度与植被覆盖的影响。相比而言，被动微波遥感反演的数据时间分辨率较高而空间分辨率较低，且不易受地表粗糙度与植被覆盖的影响。但是，无论主动还是被动微波遥感信号均会受到射频干扰（radio frequency interference, RFI）的影响（Lacava et al., 2012; Piepmeier et al., 2014）。电台广播与通信卫星在表1.1所述微波波段产生大量的 RFI，从而导致星载微波遥感土壤水分数据中出现异常值和空值区域（Draper, 2018; Zou et al., 2013）。几乎所有的单星载传感器反演的土壤水分数据均会由于 RFI、浓密植被覆盖、冰层以及卫星公转与地球自转产生的相对运动而出现大量空值区域，严重影响数据产品的时空完整性。

即使开放获取的多源多模态土壤水分数据已经为科学研究与产业化应用提供了前所未有的机遇，科学探索实验仍在追求更高质量的土壤水分数据产品。因此，大量研究致力于持续提升土壤水分产品的完整性、空间代表性、空间分辨率与精度。本书将在后续章节中详细介绍土壤水分产品改进方法的特点、发展历史和趋势。

第1章 绪 论

表1.1 单星载传感器反演土壤水分产品简表

传感器工作模式	卫星项目	时间范围（年.月.日）	升降轨时间（时：分）	时间分辨率	空间分辨率	传感器	波段	地表穿深	反演算法	发布机构	详情
主动	欧洲遥感卫星1号（European remote-sensing satellite-1, ERS-1）	1991.7.17~2000.3.10	升轨：22：15 降轨：10：30	逐日	50km×50km	合成孔径雷达（synthetic aperture radar, SAR）	C(6.9GHz)	<2cm	积分方程模型、半经验变化检测方法	欧空局（The European Space Agency, ESA）	(Altese et al., 1996; Magagi and Kerr, 1997)
	欧洲遥感卫星2号（European remote-sensing satellite-2, ERS-2）	1995.4.21~2011.9.5	升轨：22：30 降轨：10：30	逐日	25km×25km	SAR	C(6.9GHz)	<2cm	后向散射模型、半经验变化检测方法	ESA	(Walker 2004; Wang et al., 2020)
	环境卫星（environmental satellite, ENVISAT）	2002.3.1~2012.4.8	升轨：22：00 降轨：10：00	35d	1km×1km	SAR	C(6.9GHz)	<2cm	半经验变化检测方法	ESA	(Pathe et al., 2009)
	MetOp-A改进散射计（advanced scatterometer on MetOp-A, ASCAT MetOp-A）	2006.10.19至今	升轨：21：30 降轨：09：30	逐日	25km×25km, 50km×50km	SAR	C(6.9GHz)	<2cm	半经验变化检测方法	ESA	(Bartalis 2007; Gruber et al., 2014)
	MetOp-B改进散射计（advanced scatterometer on MetOp-B, ASCAT MetOp-B）	2012.9.17至今	升轨：21：30 降轨：09：30	逐日	25km×25km, 50km×50km	SAR	C(6.9GHz)	<2cm	半经验变化检测方法	ESA	(Brocca et al., 2017; Paulik et al., 2014)

续表

传感器工作模式	卫星项目	时间范围（年.月.日）	升降轨时间（时：分）	时间分辨率	空间分辨率	传感器	波段	地表穿深	反演算法	发布机构	详情
	全球飓风导航卫星系统（cyclone global navigation satellite system, CYGNSS）	2017.3.18~2020.8.16	—	6小时/逐日	0.37°×0.37°	双基地雷达	L(1.4GHz)	0~5cm	SMAP土壤水分与CYGNSS表面发射率线性关系模型	美国国家航空航天局（The National Aeronautics and Space Administration, NASA）	(Chew and Small, 2020)
主动	Terra-Sar	2007.6至今	升轨：18：00 降轨：06：00	逐日	2km×2km	SAR	X(9.5GHz)	<2cm	水云模型，自组织神经网络	ESA	(Aubert et al., 2011; Baghdadi et al., 2012; Kseneman et al., 2012)
	哨兵1号(Sentinel-1)	2014.4.3至今	升轨：18：00 降轨：06：00	逐日	1km×1km	SAR	C(5.404GHz)	<2cm	变化检测算法	ESA	(Balenzano et al., 2021a; Balenzano et al., 2021b)
被动	多波段微波扫描辐射计（scanning multichannel microwave radiometer, SMMR）	1979.10~1987.8	升轨：12：00 降轨：24：00	逐日	150km×150km	辐射计	C(6.6GHz), X(10.7GHz), K(18GHz)	<2cm	陆面参数反演模型	美国国家雪冰中心（The National Snow and Ice Data Center, NSIDC）	(Owe et al., 2008; Reichle et al., 2007)

续表

传感器工作模式	卫星项目	时间范围(年.月.日)	升降轨时间(时:分)	时间分辨率	空间分辨率	传感器	波段	地表穿深	反演算法	发布机构	详情
被动	特殊传感器微波成像仪（special sensor microwave imager, SSM/I）	1987年至今	F08 升轨: 18: 12 降轨: 06: 12 F11 升轨: 17: 10 降轨: 05: 10 F13 升轨: 17: 35 降轨: 05: 35 F14 升轨: 20: 21 降轨: 08: 21 F15 升轨: 21: 31 降轨: 09: 31 F16 升轨: 20: 13 降轨: 08: 13	逐日	69km×43km	辐射计	K (19.4GHz), Ka (37.0GHz)	<1.5cm	陆面参数反演模型	NSIDC	(Owe et al., 2008; Ridder, 2003)

续表

传感器工作模式	卫星项目	时间范围（年.月.日）	升降轨时间（时：分）	时间分辨率	空间分辨率	传感器	波段	地表穿深	反演算法	发布机构	详情
被动	热带降水测量任务微波成像仪（tropical rainfall measuring mission microwave imager, TRMM TMI）	1997.12.7~2015.4.8	在为期46天的一个运行周期中逐渐变化	逐日	59km×36km	辐射计	X（10.65GHz），Ka（37.0GHz）	<2cm	陆面参数反演模型	戈达德地球科学数据与信息服务中心（the Goddard Earth Sciences Data and Information Services Center, GES DISC）	（Drusch et al., 2005; Owe et al., 2008）
	改进型微波扫描辐射计对地观测系统（advanced microwave scanning radiometer for the earth observing system, AMSR-E）	2002.6.1~2011.10.4	升轨：01：30 降轨：13：30	逐日	76km×44km	辐射计	C（6.9GHz），X（10.7GHz）	<2cm	陆面参数反演模型，日本航空航天探测局算法	日本航天探测局地球观测研究中心（Earth Observation Research Center of Japan Aerospace Exploration Agency）	（Brocca et al., 2011; Njoku et al., 2003）
	改进型微波扫描辐射计2号（advanced microwave scanning radiometer 2, AMSR-2）	2012.8.10至今	升轨：01：30 降轨：13：30	逐日	35km×62km	辐射计	C（6.9GHz），X（10.7GHz）	<2cm	陆面参数反演模型，日本航空航天探测局算法	日本航天探测局地球观测研究中心	（Bindlish et al., 2018; Parinussa et al., 2013）

续表

传感器工作模式	卫星项目	时间范围（年.月.日）	升降轨时间（时:分）	时间分辨率	空间分辨率	传感器	波段	地表穿深	反演算法	发布机构	详情
被动	Windsat/Coriolos	2003.2.13至今	升轨: 18:10 降轨: 06:10	逐日	25km×35km	辐射计	C (6.9GHz)	<2cm	陆面参数反演模型	GES DISC	(Gaiser et al., 2004; Li et al., 2010)
被动	土壤水分与海洋盐分 (soil moisture and ocean salinity, SMOS)	2009.11.2至今	升轨: 06:00 降轨: 18:00	逐日	25km×25km	辐射计	L (1.4GHz)	<5cm	生物圈L波段微波发射模型	ESA	(Al Bitar et al., 2012)
被动	风云3B (FengYun-3B, FY-3B)	2011.7.12~2019.8.19	升轨: 13:40 降轨: 01:40	逐日	25km×25km	微波辐射成像仪	X (10.65GHz)	<2cm	陆面参数反演模型	中国气象局	(Liu et al., 2021; Parinussa et al., 2014)
被动	风云3C (FengYun-3C, FY-3C)	2014.5.29至今	升轨: 22:00 降轨: 10:00	逐日	25km×25km	微波辐射成像仪	X (10.65GHz)	<2cm	陆面参数反演模型	中国气象局	(Wu and Chen 2016; Zhang et al., 2020)
被动（主动）散射计2015年7月起故障	土壤水分主动被动 (soil moisture active passive, SMAP)	2015.1.31至今	升轨: 18:00 降轨: 06:00	逐日	36km×36km	辐射计	L (1.4GHz)	约5cm	水平/垂直极化单波段算法，双波段算法，拓展双波段算法，微波极化比率算法	NASA	(Chan et al., 2016; Entekhabi et al., 2010)

1.3 土壤水分数据产品质量提升模型

1.3.1 统计模型

统计模型通常是在土壤水分与地表参数（如地表温度、植被指数、蒸散发、反照率）之间存在的显著的统计相关性或经验关系基础上构建而成。鉴于统计模型的便捷性，它们自问世以来就被广泛应用于土壤水分空值插补、尺度转换等诸多研究之中（Liu et al., 2020c；Mohseni and Mokhtarzade, 2020；Peng et al., 2016；Yang and Zhang, 2019；Zhao et al., 2017）。由于下垫面水热特征及其耦合关系的区域异质性，统计模型常具有区域适用性限制，进而难以保证基于统计模型大尺度范围土壤水分拟合结果的鲁棒性和精度。

1.3.1.1 特征三角形方法

特征三角形方法基于非线性方程实现土壤水分的估计。在众多统计模型中，特征三角形法是一种基于土壤水分与地表温度（land surface temperature，LST）和植被状态来估计土壤水分的经典方法（Chen et al., 2011；Holzman et al., 2014；Yuan et al., 2020）。该算法最早由丹麦科学家 Sandholt 提出，基于 LST 和归一化植被指数（normalized difference vegetation index，NDVI）构建特征三角形（Sandholt et al., 2002）。如图 1.1 所示，"湿边"表征湿度最大的情况，由 LST 最小值与多元 NDVI 连线而成；"干边"表征最小蒸散，由 LST 最大值与多元 NDVI 连线而成。若研究区的植被覆盖情况包含从裸土到密集植被的所有情况，土壤水分取值存在从极度干燥到极度湿润的连续变化，则 NDVI-LST 散点图呈现三角形，在此基础上可以定义一个与土壤水分紧密耦合的温度–植被干旱指数（Carlson, 2007），从而得出一种基于 NDVI-LST 特征三角形的土壤水分估算方法，方程如下所示：

$$\text{土壤水分} = a_{ij} \sum_{i=0}^{4} \text{LST}^{*i} \sum_{j=0}^{4} \text{NDVI}^{*j} \quad (1\text{-}1)$$

式中，a_{ij} 是多项式每一项的相关系数，基于多元回归计算而来。LST^* 是归化的研究区 LST，$NDVI^*$ 是归一化研究区 NDVI，计算方法如式（1-2）和式（1-3）所示：

$$LST^* = \frac{LST - LST_{min}}{LST_{max} - LST_{min}} \quad (1-2)$$

式中，LST_{max}、LST_{min} 分别表示研究区 LST 最大和最小值。

$$NDVI^* = \frac{NDVI - NDVI_{min}}{NDVI_{max} - NDVI_{min}} \quad (1-3)$$

式中，$NDVI_{max}$、$NDVI_{min}$ 分别表示 NDVI 数据集的最大和最小值。

特征三角形方法一方面具有便捷性和易用性，另一方面既不需要其他的大气辅助数据也不对大气参数敏感。总的来说，由于 NDVI 易在浓密植被覆盖区（如森林）出现饱和现象，该方法适用于植被适中覆盖的平坦区域。该方法在单一气候带且人为活动干扰较少的区域计算结果精度较高。此外，需要足够多的像元来构建特征三角形空间及其"干边"和"湿边"（图1.1）。

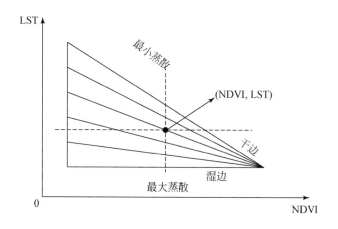

图 1.1 特征三角形

很多研究尝试基于特征三角形方法估算土壤水分，其中温度和植被状态数据多来源于高分辨率遥感产品，因此构建的模型能够有效提升土壤水分数据的空间分辨率（Liu et al., 2020c；Rahmati et al., 2015；Tang et al., 2010；Zhang et al., 2014）。有研究以青藏高原东北部地区为例，系统评价了多种植被指数在特征三角形算法中的表现（Zhao et al., 2017）。基于 NDVI 构建特征三角形估算的土壤水分精度优于基于增强植被指数和土壤调节植被指数建模估算的土壤水分，评价结果进一步证实 NDVI 在特征三角形算法估计土壤水分中的优势。

除了上述经典的植被温度组合形式，新的特征三角形参数化构建方法也在不断涌现。有研究利用 Landsat 影像的热红外数据地表覆盖数据构建特征空间得到直角三角形土壤水分指数，进一步降低土壤水分估算的复杂度（Shafian and Maas，2015）。还有研究提出一种"两阶段"梯形特征空间，能够清晰地表征特征空间从三角形到梯形的演化过程。由于植被根系能够从深层土壤中吸收水分保持蒸腾作用，植被冠层温度变化滞后于裸土表面温度变化，梯形特征空间基于该理论而建立（Sun，2016）。

1.3.1.2 基于自然规律和理论尺度变化的分解方法

基于自然规律和理论尺度变化的分解方法（disaggregation based on physical and theoretical scale change，DISPATCH）是另一种广为人知、广泛使用的地表土壤水分数据空间分辨率提升方法（Djamai et al.，2016；Dumedah et al.，2015；Fontanet et al.，2018；Malbéteau et al.，2018；Merlin et al.，2015）。该方法基于蒸散发过程中地表土壤水分与 LST 的耦合作用规律研发，其方程是一个一阶泰勒级数展开式（Ojha et al.，2021）：

$$SM_D = SM_O + \left(\frac{\delta SEE}{\delta SM}\right)_O^{-1} (SEE_D - SEE_O) \quad (1\text{-}4)$$

式中，SM_D（downscaled soil moisture）是降尺度后的高分辨率土壤水分，SM_O（original soil moisture）是原始的低分辨率土壤水分，SEE_D、SEE_O 代表高分辨率和低分辨率的土壤蒸发效率（soil evaporative efficiency），$\left(\frac{\delta SEE}{\delta SM}\right)_O^{-1}$ 表示低分辨率 SEE（SM）偏导数的逆。SEE 计算公式如下所示：

$$SEE = \frac{ST_{max} - ST}{ST_{max} - ST_{min}} \quad (1\text{-}5)$$

式中，ST 是表层土壤温度（surface soil moisture），ST_{max}、ST_{min} 分别表示在极端干旱（SEE=0）和极端湿润（SEE=1）情况下的土壤温度，ST 源于 LST 对植被和土壤的线性分解：

$$ST = \frac{LST - P_{veg} T_{veg}}{1 - P_{veg}} \quad (1\text{-}6)$$

式中，P_{veg}是植被覆盖百分比，T_{veg}是植被温度。

该算法于2005年首次提出并成功将SMOS土壤水分数据从40km×40km降尺度至1km×1km分辨率，降尺度后的数据精度较高（Merlin et al.，2005）。在此基础上，研发团队在澳大利亚东南部继续开展应用实践，基于DISPATCH算法实现SMOS土壤水分降尺度（Merlin et al.，2012）。研究发现降尺度数据在夏季精度较高而冬季精度较低，半干旱区域耦合程度显著增强，植被覆盖与植被水分胁迫均会影响ST反演。因此，DISPATCH算法在半干旱低植被覆盖区的表现优于相对湿润地带的密集植被覆盖区。为了进一步提升尺度下推精度，研发团队设计了一个年尺度的SEE自校正模型用以有效增强DISPATCH算法的鲁棒性（Merlin et al.，2013）。该研究以西班牙为研究区运用DISPATCH算法将土壤水分分别降尺度至3km和100m，精度评价结果表明了该方法在土壤水分多尺度下推中的适用性。Ojha等学者在DISPATCH建模过程中利用TVDI（temperature vegetation drought index）替代SEE旨在应用于相对浓密的植被覆盖区域（Ojha et al.，2021）。结果表明TVDI能够显著增加研究区的区域有效覆盖百分比，且在植被覆盖区基于EVI构建的模型降尺度结果相关系数优于基于NDVI建模的降尺度结果。除了降尺度之外，DISPATCH方法还可应用于低分辨率土壤水分数据产品评价（Malbéteau et al.，2016）。

1.3.2　数据融合模型

数据融合方法通过既定模型集成多源遥感数据来获取具有更高精度、完整性和稳定性的土壤水分数据产品。通过融合多波段、多传感器、多过境时间的遥感信息，土壤水分数据产品的整体质量，包括数据精度、空间覆盖率、时间覆盖范围以及日尺度代表性等，均可得到显著提升。当前，国内外研究机构及学者利用滤波、多元回归、统计分布校正、机器学习等方法，通过融合多传感器多波段的微波数据及光学波段辅助数据研制了多套土壤水分数据集，旨在了解掌握全球多尺度长时间序列土壤含水量时空演化规律，促进对陆表水循环动态格局规律的掌握。本节主要介绍了6种全球和中国尺度的国内外多源微波遥感融合土壤水分数据集，具体内容如下所示。

（1）ECV SM

ESA自2010年发起气候变化倡议（the Climate Change Initiative）项目来系

统监测系列全球气候变化必要变量,土壤水分作为全球气候变化必要变量之一,成为该项目的重点研究对象。其基于多源星载微波遥感数据融合研制的全球地表土壤水分产品 ECV SM(Essential Climate Variable Soil Moisture)空间分辨率为 0.25°×0.25°,时间分辨率为逐日(Dorigo et al.,2017)。目前开放获取的数据共有 13 个版本,每一更新版本较前序版本在融合数据与时间序列上均有所提升(https://esa-soilmoisture-cci.org/)。截至 2022 年 7 月最新版本为 v07.1,融合了 4 种主动和 12 种被动微波传感器信号,时间范围跨度逾 40 年(1978 年 11 月 1 日~2021 年 12 月 31 日)。ECV SM 包括三种数据产品:①基于多源主动传感器信号(ERS1,ERS2,ASCAT MetOp-A,ASCAT MetOp-B)融合的土壤水分;②基于多源被动传感器信号(SMMR,SSM/I,TRMM TMI,Windsat/Coriolos,AMSR-E,AMSR-2,SMOS,FY-3B,FY-3C,FY-3D,SMAP,GPM GMI)融合的土壤水分;③基于上述①和②所有传感器信号融合的土壤水分。

  ECV SM 融合算法流程框架如下所示:首先,基于汉明窗(hamming window)方法和最近邻域搜索将所有的微波数据统一重采样至 0.25°×0.25°分辨率和 00:00 UTC 时间戳。然后,采用 ASCAT L2 土壤水分产品的官方反演方法,即 TU Wien Water Retrieval Package 变化检测法,来融合主动微波数据(Naeimi et al.,2009)。利用基于辐射传输模型的前向模型来融合被动微波数据,该模型具有良好的波段兼容性和植被光学深度解析方案(De Jeu et al.,2009)。基于 GLDAS(global land data assimilation system)Noah 2.1 的气候模式将主动和被动微波数据融合起来。最终通过基于 GLDAS Noah 的尺度缩放、误差表征和数据融合得到 ECV SM。有关 ECV SM 融合算法及其版本更新历程的更多详细信息,敬请参阅(Gruber et al.,2019)。

  自问世以来,诸多研究围绕 ECV SM 开展了一系列质量评价与真实性检验研究。Dorigo 等(2015)结合全球 28 个土壤水分地面监测网络检验了主被动融合 ECV SM 的质量,发现其与不同地面监测网络的拟合度差异巨大,整体质量随时间向现在推进而逐步提升,但在 2007~2010 年表现为质量持续下降趋势。Liu 等(2018)利用位于亚洲、欧洲、北美洲和大洋洲的 4 个土壤水分地面监测网络验证了 ECV SM 精度,结果表明主被动融合的 ECV SM 在取值精度与拟合时间动态演化趋势方面具有显著优势,被动融合的

ECV SM 基本上可以准确拟合地面实测值，而主动融合的 ECV SM 则存在较多的异常值。An 等（2016）基于 533 个气象站点数据评价验证了 ECV 主被动融合土壤水分在中国区域的精度，发现 ECV 在草地覆盖区的精度优于耕地和建设用地；ECV SM 与地面实测数据的时间序列动态拟合度较高，然而系统误差也时常存在。McNally 等（2016）评价了 1979~2013 年主被动融合的 ECV SM 在东非的精度，研究表明 1979~1992 年数据空间覆盖率不足 40%，自 1998 年开始超过 50%，并在 2007 年达到最大值（超过 80%），之后稳定保持在该水平。

与参与融合的任一微波土壤水分数据相比，ECV SM 融合了多种不同任务周期的星载微波遥感数据，时间序列长达 40 余年，具有单一星载传感器无可比拟的时间拓展优势；受卫星公转与地球自转之间相对运动的影响，单一微波反演的土壤水分数据普遍存在大量的空值条带，而融合后 ECV SM 的空间覆盖率显著提高；卫星瞬时过境扫描地表获取微波信号，单传感器反演的日尺度土壤水分实际上仅是每日瞬时土壤水分含水，ECV SM 融合了多瞬时过境的微波信号数据，其土壤水分值具有更好的日尺度时间代表性，能够更加有效地刻画一天中的土壤含水量整体状态。

（2）SMOPS

美国国家海洋和大气管理局（National Oceanic and Atmospheric Administration，NOAA）研发了基于多源微波遥感数据融合的 SMOPS（soil moisture operational product system）土壤水分数据集，旨在获得具有高地表覆盖率、短时滞性的产品（Liu et al.，2016；Yin et al.，2020）。SMOPS 融合了包括 GPM、SMAP、GCOM-W1、SMOS、Metop-A 和 Metop-B 在内的 6 种微波遥感数据，基于单波段反演算法（Jackson，1993）进行融合。SMOPS 将单波段算法反演的结果与其他星载传感器土壤水分数据（ASCAT、AMSR2）基于 GLDAS 模型进行进一步融合输出结果来提升数据的地表覆盖率。自发布问世以来，SMOPS 历经 3 个版本，当前最新版本是 V3.0。与 V1.0 和 V2.0 版本相比，V3.0 数据的先进性体现在：①融合了具有抗辐射传输干扰能力、对土壤水分信号敏感的被动微波遥感数据；②使用基于主动微波的 ASCAT 和 Metop 长时序的土壤水分数据集作为参考；③在融合过程中使用更加可靠的辅助数据，包括：由亮温计算而来的发射率、S-NPP 近实时植被指数、S-NPP 土地覆被数据;④基于累积分布函数将各土壤水分产品统一至 GLDAS 土壤水分取值框架下来校正偏差。SMOPS V3.0 时间范围自 2017 年 3 月 15 日至当前,时间分辨率包括 6 小时和日尺度两种,空间范围覆盖全球,空间分辨率为 0.25°×0.25°(约 25km),深度为地表 1~5cm。其中,SMOPS 土壤水分数据实时获取能力较强,6 小时数据的时滞仅为 3 小时,日尺度数据的时滞仅为 6 小时(Liu et al.,2016)。除了及时更新发布近实时的融合地表土壤水分数据之外,SMOPS 同时提供对应像元的质量信息、元数据信息以及参与融合的所有单一传感器反演的微波遥感土壤水分数据,能够有效辅助使用者了解掌握数据的时空精度。

许多学者致力于 SMOPS 数据集的真实性检验。Yin 等(2020)基于位于美国的 SCAN 土壤水分监测网(拥有超过 200 个地面实测站点)对不同版本的 SMOPS 土壤水分进行评价,结果表明,与 V1.0 和 V2.0 版本相比,V3.0 数据与地面实测数据的拟合优度显著提高,同时,均方根误差和无偏均方根误差明显降低,说明 SMOPS V3.0 数据集在刻画地表真实土壤含水量及其时空序列演化特征方面具有更强的稳定性和可靠性。Wang 等(2021b)收集了全球 22 个监测网共计 449 个站点的土壤水分实测值对 2017 年 8 月至 2018 年 12 月期间的日尺度 SMOPS V3.0 和 ECV V4.5 主被动融合土壤水分数据产品进行系统验证,结果显示:①SMOPS 在所有月份均拥有更高的空间覆盖率,尤其在 7 月份,SMOPS 像元有效值平均不少于 26 天的比率可达 97%,而 ECV 像元有效值平均不少于 26 天的仅有 63%。②两种多源微波遥感融合的土壤水分产品均与地面实测值具有较高的匹配度,但相比而言,ECV 数据精度在拟合优度和均方根误差方面均略胜一筹。③在 ECV 数据空缺而 SMOPS 数据有值的区域,SMOPS 数据精度与在两种土壤水分均有值的区域相当,表明 SMOPS 可以有效弥补 ECV 空值区域的土壤水分缺失问题。④就不同气候区而言,ECV 在赤道气候区、大多数暖温带气候区,以及若干大陆性气候区和干旱气候区精度较高,而 SMOPS 仅在若干大陆性气候区精度较高。

此外,考虑到在上述算法模型框架下,GLDAS 土壤水分数据质量对 SMOPS V3.0 土壤水分具有显著影响,同时,模型同化可能导致原始微波数据的有用信息丢失,SMOPS 研发团队在 V3.0 的基础上继续深入探索新一代卫星土壤水分数据产品融合方法(Yin et al.,2022),旨在获得一种仅依赖现有微波土壤水分观测值、无须辅助数据集即可实现的估算模型。该方法首先将以百分比为单位的 ASCAT 数据转换成体积含水量，使所有数据保持单位一致并重采样至 0.25°×0.25°分辨率。其次，以 2015 年 4 月 1 日至 2021 年 8 月 30 日的 SMAP 土壤水分数据为主要参考，通过建立在此期间与其他微波数据的多元线性模型，将其他微波数据的取值统一至 SMAP 数据框架中。将构建的多元线性模型进行时间尺度拓展，应用于其他微波数据的整个生命周期。最后，利用等权平均法计算得出融合的土壤水分数据，称为 SMOPScdr。经与 SMOPS V3.0 数据在美国区域基于 131 个地面实测站对比验证表明，SMOPScdr 数据的无偏均方根误差明显小于 SMOPS V3.0 数据，进一步印证该算法的精度优势，为 SMOPS 数据迭代优化奠定了良好的算法基础。

（3）SMAP

NASA 在 2015 年发起 SMAP（soil moisture active passive）土壤水分监测计划，利用搭载于同一卫星的 L 波段的雷达（主动微波）和辐射计（被动微波）反演土壤水分产品（Entekhabi et al., 2010）。卫星在 18：00 地方时升轨，在 06：00 地方时降轨，基于升/降轨数据可分别获得日尺度土壤水分数据，其中，主动微波数据空间分辨率为 3km×3km，被动微波数据空间分辨率为 36km×36km，主被动微波融合数据空间分辨率为 9km×9km。雷达传感器在 2015 年 7 月出现无法修复的故障，此后 SMAP 致力于反演被动微波及改进的被动微波土壤水分数据集（空间分辨率为 9km×9km）。被动微波土壤水分主要基于 τ-ω 模型进行反演，通过对亮温数据进行 Backus-Gilbert 插值得到改进的被动微波土壤水分数据产品。基于融合 SMAP 观测值与陆面过程模式同化结果得到地表无缝覆盖的 3 小时分辨率地表与根区土壤水分产品。目前，SMAP 1 级亮温产品的时滞不超过 12 小时，2 级单轨传感器反演土壤水分产品的时滞不超过 24 小时，3 级合成土壤水分产品的时滞不超过 50 小时，4 级无缝地表及根区土壤水分产品的时滞不超过 7 天。

为了继续研制基于主被动微波融合的数据集，NASA 联合 SMAP 辐射计数据和 Sentinel 1A/B 的 C 波段雷达数据研发了 3km×3km 和 1km×1km 高分辨率主被动微波融合的地表土壤水分数据集（Das et al., 2019）。融合过程中，先利用滑动窗口滤波将 Sentinel 后向散射数据从 25m 重采样至 1km×1km 分辨率，然后基于 1km×1km 空间分辨率将 SMAP 亮温数据降尺度至 1km×1km 和 3km×

3km，基于统一分辨率的 Sentinel 和 SMAP 数据采用 τ-ω 模型反演高分辨率土壤水分数据。SMAP-Sentinel 土壤水分数据集成功基于微波数据融合获得了高空间分辨率，但数据的时间分辨率下降至 12 天。该产品基于 SMAP 和 Sentinel 数据的 24 小时内空间重叠区域反演，SMAP 数据带宽为 1000km 而 Sentinel 仅有约 250km，因此两者的重叠区域，即空间覆盖率，受 Sentinel 的扫描带宽限制而大幅下降，时间分辨率也因此下降。

自 SMAP 系列土壤水分数据集发布以来，国内外诸多学者对其进行了多视角、多区域尺度、多下垫面类型的评价验证（Colliander et al., 2017；Das et al., 2019；Ma et al., 2019；Reichle et al., 2017），结果整体表明：①SMAP 日尺度被动微波反演数据精度达到预期水平，即无偏均方根误差不超过 0.04 m^3/m^3，主被动融合数据精度接近预期水平，主动微波反演数据无偏均方根误差不超过 0.06 m^3/m^3；基于同化模型融合的 3 小时尺度地表和根区土壤水分数据无偏均方根误差也达到了预期要求。②相较于其他单传感器反演的土壤水分数据集，SMAP 具有显著精度优势；与未将 SMAP 融合的 ECV 数据相比，SMAP 与地表实测数据的拟合优度更高，而 ECV 在无偏均方根误差和偏差取值上略胜一筹。③SMAP-Sentinel 主被动微波融合的两种高分辨率（1km×1km 和 3km×3km）土壤水分产品均能够较为准确地刻画地表真实土壤含水量情况（无偏均方根误差≤0.05m^3/m^3）。

（4）RSSSM

中国科学院生态环境研究中心傅伯杰团队研发了全球 2003~2018 年逐 10 天 0.1°分辨率土壤水分产品 RSSSM（remote-sensing-based surface soil moisture）（Chen et al., 2021）。该数据集基于神经网络算法融合了包括 SMAP、AMSRE、AMSR2、Windsat、FY-3B、ASCAT、TMI、SMOS-IC 等在内的 11 种微波遥感土壤水分数据，并以被动微波增强的 9km×9km 分辨率 SMAP 土壤水分数据作为模型主要训练输出对象。在构建训练数据集时，首先在统一的时空框架下，整合汇聚土壤水分质量影响因子（水体分布、地形复杂度、土壤砂石含量、地表温度、土地覆被、植被指数等），其次利用正态分布对土壤水分产品异常值进行去噪处理，取两者的交集作为训练集的输入数据；取对应的 SMAP 数据作为训练集的目标数据。为了使神经网络模型具有更好的区域适用性，算法以经纬网格为边界，划分成百万个区域子神经模型进行训练建模，并通过对格网边界模拟数据计算加权平均值来模糊区域界限。利用冰雪和热带雨林时空分布林对模型拟合结果进行掩膜处理，对非掩膜区的缺值区域通过计算周围有效像元的加权平均进行插补弥合。鉴于各微波土壤水分数据延续时段不同，且 SMAP 仅覆盖 2015~2018 年，因此采用迭代模拟法逐阶段获取土壤水分数据：首先，以 2015~2018 年区间的训练样本（ASCAT、SMOS-IC、AMSRE、AMSR2）和训练目标（SMAP）数据构建拟合模型，将模型应用于 2012~2018 年区间由同样元素构成的训练样本，获取 2012~2018 年区间的土壤水分第一阶段拟合值；其次，以 SMAP 和第一阶段拟合值为训练目标，以 ASCAT、SMOS、TMI 和 FY-3B 数据为训练样本，建模获取 2011~2012 年土壤水分拟合值；依据此模式逐轮迭代，最终获得 2003~2018 年全球地表土壤水分产品。

为了明晰 RSSSM 的精度，先基于 SMAP 数据对神经网络模型训练精度进行检验分析，发现两者的时间序列拟合优度整体上可达 0.97，略高于空间拟合优度，表明神经网络模型在拟合土壤水分时对空间格局信息的模拟水平有待提升。由于 SMAP 瞬时过境星载传感器难以监测持续的融雪过程，受到 SMAP 本身数据精度限制，RSSSM 在湿润的冰雪气候区精度较低。就不同时段而言，RSSSM 与 SMAP 在夏季（植被生长季）精度较高，在冬季精度相对偏低。其次，使用 29 个全球地面监测站点网络（728 个站点）对其进行验证，同时加入了单微波反演（SMAP、ASCAT）、多源主被动微波遥感融合（ECV）、模型同化与再分析（GLDAS、ERA5 Land、GLEAM）土壤水分数据集作为对照组参与评价。结果表明：RSSSM 整体精度优于除 SMAP 外的所有对照组数据，时间序列精度和空间覆盖率优于同期主被动融合 ECV 土壤水分数据。

（5）NNsm

清华大学卢麾团队研制了全球日尺度 2002~2019 年 36km×36km 分辨率土壤水分产品 NNsm（neural network soil moisture）（Yao et al., 2021）。该数据集将 SMAP 数据的优势转化至 AMSR-E 和 AMSR2 数据中，形成一套高精度、高稳定性、可进行时序拓展的土壤水分数据。数据研发主要包括校正、训练和模拟三部分。首先，基于 AMSR-E 与 AMSR2 的 3 年重合区间（2012~2015 年）进行亮温校正，通过构建线性回归方程以 AMSR2 亮温为参考对 AMSR-E 亮温进行定标，获得统一基准的 2002~2019 年亮温数据。其次，基于地表温度、亮温数据计算反射率和微波植被指数并作为算法输入层，将 SMAP 土壤水分产品作为输出层,将 AMSR 系列数据基于线性插值重采样至与 SMAP 相同的 36km×36km 分辨率,得到 2015~2017 年的训练样本库;并构建人工神经网络模型进行优化训练,训练过程中利用地表温度数据掩膜过滤冰冻区域的样本。最后,基于三年样本数据构建的 ANN 模型,输入 2002~2019 年的 AMSR 系列训练数据,可得 2002~2019 年日尺度 36km×36km 分辨率全球土壤水分数据集。

经验证发现:①NNsm 与 SMAP 土壤水分产品具有良好的相关性(平均相关系数 0.80,均方根误差 $0.029m^3/m^3$),但在植被密集覆盖区(如森林)不确定性显著提升,主要是由有限的微波冠层穿透能力导致。②以全球 14 个土壤水分地面实测网络为参考真值对 NNsm 进行评价,结果表明 NNsm 在训练时段(2015~2017 年)和模拟时段的土壤水分产品均能够准确拟合实测的日尺度和季节尺度动态演化序列。③NNsm 数据质量显著优于原有的 AMSR-E 和 AMSR2 标准土壤水分数据,数据误差小于主被动融合的 ECV 而拟合优度略差于主被动融合的 ECV。此外,NNsm 在插补 SMAP 缺值区域、时间序列扩展和高频监测全球土壤水分演化动态方面潜力巨大。

(6) 高分辨率中国区域土壤水分数据

中国农业科学院农业资源与农业区划研究所毛克彪团队研发了中国区域 2002~2018 年逐月 0.05°×0.05°分辨率土壤水分数据集(Meng et al., 2021)。该数据集在研制过程中融合了包括 AMSR-E、AMSR2、SMOS-IC 在内的三种被动微波土壤水分数据以及包括地表温度和植被指数在内的光学遥感数据集、坡度坡向数据。在降尺度过程中首先以长时间序列 AMSR-E 数据为参考,通过构建线性回归方程校正与其时间重合范围内的 SMOS-IC 数据;再以校正后的 SMOS-IC 数据为参考,构建线性回归方程校正与其时间重合范围内的 AMSR2 数据,从而获得经过一致性校正的 2002~2018 年土壤水分时序数据。其次,基于土壤水分与地表温度、植被指数呈现负相关的理论基础,在地形校正的基础上利用地表温度与植被指数计算月尺度 0.05°×0.05°分辨率 TVDI 数据,作为降尺度的权重指标。基于归一化 TVDI 权重乘法计算得到降尺度的土壤水分数据。

利用中国国家气象局监测网络站点数据对降尺度土壤水分数据集进行整体评价,发现降尺度数据在月尺度、季节尺度和年尺度均能够较为准确地拟合实测数据，整体精度较高。降尺度土壤水分与 RSSSM 数据也呈现良好的时空一致性。鉴于中国幅员辽阔，横纵跨越多个气候带，在区域尺度评价过程中基于气候分布格局将整个中国划分为 6 个研究区（东北季风区、华北季风区、华南季风区、西南湿润区、西北干旱区、青藏高原地区），分别开展精度验证分析。结果表明：东北季风区和华北季风区的降尺度数据精度稳定，而华南季风区和青藏高原地区数据精度波动较大；就不同月份而言，降尺度数据在 9 月精度最高，12 月误差最大。此外，降尺度土壤水分与降水呈现良好的时间序列一致性演化趋势，说明该数据集可应用于高精度水文与干旱监测。

1.3.3 同化与再分析模型

同化方法能够有效克服地表观测值的空间范围及空间代表性局限，克服星载微波传感器信号的深度限制，通过高效集成多源多模态土壤水分数据的方式得到具有明确物理意义的多深度陆表无缝、时空连续的土壤水分产品（Bi et al., 2016; Draper et al., 2012; Kumar et al., 2009）。其中，同化算法是整个同化过程的重要部分，常用的土壤水分同化方法包括逐步修正算法（Weisse et al., 2001）、优化插值算法（Bouttier et al., 1993）、变分约束（Reichle et al., 2001）、卡尔曼滤波（De Rosnay et al., 2013）、粒子滤波（Lan et al., 2015; Montzka et al., 2011）等。近年来的研究结果表明基于滤波（集合卡尔曼滤波）（Brandhorst et al., 2017; Huang et al., 2008）和变分约束（卡尔曼滤波）（Balsamo et al., 2004; Reichle et al., 2001）的算法在模型参数估计中精度较高。作为同化过程的核心部分，陆面模型模拟了在物质和能量交换中陆面和大气之间发生的物理过程，经典的陆面模型包括 Noah（Srivastava et al., 2015）、通用陆面模式（community land model, CLM）（Decker and Zeng, 2009）、简单生物圈模型（simple biosphere model, SBM）（Liston et al., 1993），以及北方生态系统生产力模拟器（boreal ecosystem productivity simulator）（He et al., 2021）。

如表 1.2 所示，诸多陆面模型同化的地表参数产品中均包含土壤水分。值得注意的是，其中很多模型的空间范围仅覆盖指定国家或大洲，相比而言，

表 1.2 同化与再分析土壤水分产品及其基本属性简介

类型	项目	陆面模型	同化算法	空间范围	空间分辨率	时间范围（年.月.日）	时间分辨率	发布机构	详情
同化	全球陆面数据同化系统（Global Land Data Assimilation System, GLDAS）	Mosaic, CLM, Noah	集合卡尔曼滤波、卡尔曼滤波拓展、优化插值	全球	0.25°×0.25°, 1°×1°	1948.1.1 至今	3 小时, 逐日, 逐月	NASA	(Rodell et al., 2004)
	北美陆面数据同化系统（North American Land Data Assimilation System, NL-DAS）	Mosaic, CLM, Noah	集合卡尔曼滤波、卡尔曼滤波拓展、优化插值	67°W~125°W, 25°N~53°N	0.125°×0.125°	1979.1.1 至今	1 小时, 逐月	NASA	(Cosgrove et al., 2003; Mitchell et al., 2004)
	欧洲陆面数据同化系统（European Land Data Assimilation System, EL-DAS）	Lokal Modell, ISBA and TERRA, TESSEL	四维变分、卡尔曼滤波、优化插值	15°W~38°E, 35°N~72°N	0.2°×0.2°, 1°×1°	1999.10~2000.12	3 小时, 逐日	ECMWF	(Jacobs et al., 2008; Van den Hurk, 2002)
	中国气象局陆面数据同化系统（China Meteorological Administration Land Data Assimilation System, CL-DAS）	通用陆面模型 CLM, Noah	三维变分、优化插值	60°E~160°E, 0~65°N	0.0625°×0.0625°	2012.1.1 至今	3 小时, 逐日	中国气象局	(Shi et al., 2014; Shi et al., 2011)
	水文与水管理卫星应用设施（Satellite Application Facility on Support to Operational Hydrology and Water Management, H-SAF）	ECMWF 水文集合陆面交换框架	四维变分	全球	1km×1km, 12.5km×12.5km, 25km×25km	2005 至今	逐日	欧洲气象卫星探测组织	(Albergel et al., 2012; Hasenauer et al., 2006)

第 1 章 | 绪　论

续表

类型	项目	陆面模型	同化算法	空间范围	空间分辨率	时间范围（年.月.日）	时间分辨率	发布机构	详情
再分析	NECP/NCAR (the National Centers for Environmental Prediction/the National Center for Atmospheric Research)	T62/28NECP 全球光谱运行模型	三维变分，四维变分，优化插值	全球	2.5°×2.5°	1948.1.1 至今	6小时，逐日	NOAA	(Kalnay et al., 1996; Kistler et al., 2001)
	CFSR (NCEP Climate Forecast System Reanalysis)	NECP 耦合气候预报系统动态模型，季节预报模型	三维变分，格网点统计插值	全球	0.5°×0.5°, 2.5°×2.5°	1979.1.1~2011.3.31	1小时，6小时，逐月	NOAA	(Saha et al., 2006)
	ERA5	HTESSEL 陆面模型，海浪场模型	四维变分	全球	9km×9km, 30km×30km	1950至今	1小时，逐日，逐月	ECMWF	(Hersbach et al., 2020; Hoffmann et al., 2019)
	MERRA (Modern Era Retrospective Analysis for Research and Applications)	GEOS-5 大气环流模型	三维变分，格网点统计插值	全球	1/2°×2/3°, 1.25°×1.25°, 1°×1.25°	1979~2016.2	1小时，3小时，6小时	NASA	(Rienecker et al., 2011)
	JMA (the Japan Meteorological Agency)	MRI/NPD 统一非静力模型	四维变分	全球	10km×10km	1958~2013	6小时，逐日	日本气象局	(Saito et al., 2006)
	CRA (CMA Reanalysis)	Noah	集合卡尔曼滤波，三维变分	全球	~34km×34km	1979~2018	6小时	中国气象局	(Liang et al., 2020; Liu et al., 2017c)

GLDAS 作为为数不多的全球范围同化系统，是公认的杰出陆面模拟框架，可在全球范围内近实时生成最佳的陆地表面状态场和通量场（Ji et al., 2015；Rodell et al., 2004；Spennemann et al., 2015；Wu et al., 2021）。

壤剖面信息也可以通过再分析算法获取。再分析过程采用所有可用的观测（即地面和天基数据集）来校准模型运行的结果，而同化过程主要在物理模型运行时添加观测数据进行校正。许多再分析模型均研制并发布了土壤水分产品，其中，作为 ECMWF 的第五代再分析产品，ERA5 自问世以来便广受关注。与其他再分析系统相比，ERA5 能够研制具有更高空间分辨率（0.1°×0.1°）和时间分辨率（大气参数可实现逐小时）的产品。此外，ERA5 集成了更多卫星观测数据来优化输出结果。已有研究表明 ERA5 土壤水分产品整体质量显著优于 ECMWF 第四代以及其他再分析产品（Li et al., 2020a），因此，ERA5 土壤水分应用前景向好。

1.3.4 机器学习模型

近年来，机器学习模型在地球系统时空科学数据数值拟合中展现出巨大潜力，在基于复杂非线性映射关系进行土壤水分制图中能力突出。当前，机器学习框架广泛应用于土壤水分研究中（Jing et al., 2018；Lary et al., 2016）。根据不同的尺度转换过程，拟合算法分为补空值、降尺度、升尺度三类（图1.2）。补空值拟合过程中是在原尺度基础上进行的算法设计与运行，不涉及空间分辨率转换，算法拟合结果旨在填补原有土壤水分产品的空缺图斑、提升数据的空间完整性。鉴于原始土壤水分产品分辨率较低，大量研究致力于尺度下推来获取高分辨率土壤水分数据，以便掌握区域尺度土壤水分的空间异质性并将其应用到干旱监测等研究中。相比较而言，升尺度通常是指将点尺度的地面传感器观测数据转化为像元尺度的估计值，获取具有空间连贯性和代表性的土壤水分产品。表 1.3 介绍了基于庞大的机器学习算法家族对土壤水分开展的尺度转换典型研究案例。随着基于机器学习的土壤水分研究成果发文量逐年递增，该类研究已成为当下热点。

1.3.4.1 经典机器学习

机器学习算法相较于传统统计回归方法在拟合复杂耦合关系方面具有出色

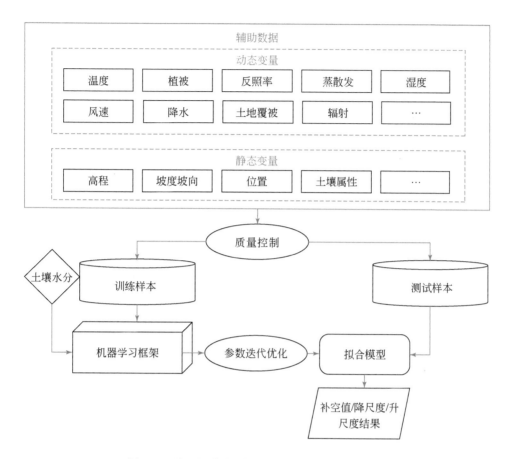

图1.2 基于机器学习框架的土壤水分拟合流程图

的表现力,围绕如何利用机器学习算法框架提升土壤水分产品质量开展了大量研究(Ali et al.,2015)。如表1.3所示,诸如人工神经网络(artificial neural networks,ANN)、贝叶斯(Bayesian)、分类与回归树(classification and regression trees,CART)、极端梯度提升(extreme gradient boost,XGB)、梯度提升决策树(gradient boost decision trees,GBDT)、K邻域(K-nearest neighbor,KNN)、随机森林(random forest,RF)、支持向量机(support vector machine,SVM)等机器学习算法已被广泛应用于田块、区域及全球土壤水分制图(Abowarda et al.,2021;Jing et al.,2018;Liu et al.,2020a;Liu et al.,2020b;Peng et al.,2017;Sabaghy et al.,2018;Srivastava et al.,2013)。

有研究系统比较了其中6种算法在土壤水分降尺度中的性能,在实验过程中选取了4个位于不同气候区的区域作为案例,将土壤水分数据从0.25°×0.25°

表 1.3 用于提高土壤水分产品质量的机器学习算法简述

类型	参考文献	算法	目标土壤水分数据	结果	结论
补空值	(Mao et al., 2019)	双层机器学习框架	SMAP/Sentinel-1 土壤水分产品	2015年4月1日~2018年9月30日位于阿肯色州、亚利桑那州、艾奥瓦州、安多克拉荷马州的 3km×3km 分辨率土壤水分估计值	基于双层机器学习框架的模型可以在空值区域重建土壤水分，且拟合度较高、误差较低
补空值	(Fang et al., 2017)	LSTM	SMAP 被动土壤水分产品	2015年4月~2017年4月位于美国的 36km×36km 分辨率土壤水分估计值	LSTM 在拟合土壤水分方面具有良好的时空泛化能力
补空值	(Jing et al., 2018)	RF	ECV 主被动融合土壤水分产品	2001年1月~2012年12月逐月全球无缝 ECV 土壤水分产品	补空值产品精度与原始 ECV 数据精度相当
补空值	(Almendra-Martín et al., 2021)	线性插值，立方插值，SVM，基于主成分分析的 SVN	ECV 主被动融合土壤水分产品	2003~2015 年欧洲南部日尺度 ECV 土壤水分产品	SVM 重建土壤水分与原始土壤水分数据精度相当
降尺度	(Srivastava et al., 2013)	ANN, SVM, 关联向量机, 广义线性模型	SMOS 土壤水分产品	2011年2月~2012年1月英格兰西南部 0.05°×0.05° 分辨率土壤水分估计值	ANN 在土壤水分降尺度方面优于其他算法，精度更高
降尺度	(Long et al., 2019)	RF	ECV 主被动融合土壤水分产品，CLDAS 0~10cm 土壤水分产品，站点实测数据	2015~2016 年作物生育期间河北省 1km×1km 分辨率土壤水分估计值	RF 算法降尺度后的土壤水分显示出与原始土壤水分产品大致相当、甚至更高的准确性
降尺度	(Liu et al., 2020a)	ANN, Bayesian, CART, KNN, RF, SVM	ECV 主被动融合土壤水分产品	位于全球 4 个不同下垫面和气候带研究区的 1km×1km 分辨率土壤水分估计值	RF 算法降尺度后的土壤水分拟合度高、误差小
降尺度	(Liu et al., 2020b)	CART, GBDT, RF, XGBoost	SMAP 被动以及改进型被动土壤水分产品	2016年1月~2017年12月位于西欧的土壤水分估计值	多回归树驱动的 RF、XGBoost、GBDT 在土壤水分降尺度中表现优异，其中 GBDT 精度更高一些

续表

类型	参考文献	算法	目标土壤水分数据	结果	结论
降尺度	(Abowarda et al., 2021)	RF	ECV、SMAP、CLDAS土壤水分产品，站点实测数据	2015~2017年3月~10月海河流域30m×30m分辨率土壤水分估计值	RF可以实现土壤水分在田块尺度的高精度估计
	(Lee et al., 2019)	H2O	AMSR2土壤水分产品，站点实测数据	2014~2016年朝鲜半岛4km×4km分辨率土壤水分估计值	与原始的AMSR2和GLDAS土壤水分产品相比，H2O深度学习方法降尺度的土壤水分与站点实测值取得更高的拟合度
	(Ahmed et al., 2021)	CNN，GRU	基于GLDAS2.0和MODIS反演的地表土壤水分产品	2003年2月~2020年3月每个月第1、5、7、14、21、30天位于澳大利亚墨累达令河流域的土壤水分估计值	CNN-GRU混合模型在土壤水分拟合中的精度明显优于独立的CNN和GRU方法
升尺度	(Karthikeyan and Mishra, 2021)	XGBoost	多深度站点实测数据（5cm、10cm、20cm、50cm、100cm），SMAP 0~10cm及0~100cm土壤水分产品	2015年3月31日~2019年2月28日位于美国的多深度（5cm、10cm、20cm、50cm、100cm）1km×1km分辨率土壤水分	多深度土壤水分拟合值能够有效捕捉土壤水分真实值的时间序列演化动态，无偏均方根误差在大部分站点小于0.04m³/m³
	(Qin et al., 2013)	Bayesian	0~5cm站点实测数据	2010年8月1日~2011年9月20日位于青藏高原的0~5cm、100km×100km格网土壤水分估计值	与点尺度数据相比，升尺度的土壤水分显示出更好的可靠性和鲁棒性
	(Clewley et al., 2017)	RF	来自3个网络的站点实测数据	位于北美的100m×100m分辨率土壤水分格网估计值	RF升尺度土壤水分与地面实测值拟合度较高，表明RF性能优于其他回归方法
	(Zhang et al., 2017)	DFNN	耕地区域0~10cm站点实测数据	2012~2015年5~10月第1、11、21天的750m×750m分辨率中国耕地区域土壤水分估计值	深度学习模型拟合的土壤水分精度优于SMAP主动微波和GLDAS土壤水分产品

降至 1km×1km 分辨率，结果表明基于多棵回归树构建的 RF 模型拟合结果精度高、稳定性好，而 ANN、CART、SVM 模型拟合结果时常出现异常值；就不同研究区而言，若研究区位于一个气候带、地势起伏缓和、植被覆盖适中，则其土壤水分拟合结果精度较高；鉴于各案例研究区大相径庭的水热组合条件和综合自然地理特征，解释变量在不同区域的贡献比率存在显著区域差异（Liu et al., 2020a）。在此基础上，研究团队进一步探讨了 4 种回归树驱动的算法（RF，GBDT，XGB，RF）在地表土壤水分尺度转换中的表现，结果表明 GBDT 算法在草地覆盖区域的拟合结果精度最高，RF、XGB 算法精度较好（Liu et al., 2020b）。此外，XGB 算法也被应用于多深度的高分辨率土壤水分拟合，在以美国为案例区开展的研究结果表明，多深度土壤水分拟合结果能够与实测值取得良好的时间序列演化趋势一致性（Karthikeyan and Mishra, 2021）。有研究基于 RF 模型实现土壤水分在田块尺度 30m×30m 分辨率的时空连续降尺度并取得高精度拟合结果（Abowarda et al., 2021）。还有研究利用 GBDT 在青藏高原地区成功将 SMAP 土壤水分数据从 36km×36km 降至 1km×1km 分辨率，降尺度后的数据即保留了原有数据的高精度又能体现区域细节特征（Wei et al., 2019）。除了上述研究之外，还有很多学者使用多回归树驱动的机器学习模型改善土壤水分产品的分辨率和时空完整性（Abbaszadeh et al., 2019; Jia et al., 2019; Liu et al., 2017b; Zhang et al., 2020）。

综上所述，相关研究团队已经做出了巨大的努力来阐明机器学习家族的代表性算法在拟合不同下垫面土壤水分中的性能。多回归树驱动的方法如 RF、XGB、GBDT 在众多方法中脱颖而出，在土壤水分拟合中展现出强鲁棒性和高精度。这一发现能够为后续土壤水分尺度转换研究提供方法参考。此外，特征提取是建模预处理中的关键环节，对于降维、降冗余、提高学习精度、提升结果的可理解性至关重要。然而，对传统的机器学习算法来说，特征提取和模型训练是两个独立的过程。提取的特征不经调整直接应用于后续计算中，将导致误差传递。同时，在气候与人为因素的共同作用下，土壤水分时空分布格局呈现不规则演化规律。经典的机器学习方法仅支持以离散化的形式输入样本数据，几乎没有考虑样本之间的时空相关性（Reichstein et al., 2019）。

1.3.4.2 深度学习

深度学习算法通过人类大脑神经元机制构建多层神经网络，自动提取数据的时空特征，并在深度理解和挖掘的基础上进行时空建模和预测（Deng and Yu，2014；Kamilaris and Prenafeta-Boldú，2018；Lecun et al.，2015）。深度学习方法较传统机器学习方法而言在高维度特征学习中有显著优势。近年来，围绕土壤水分拟合研究与应用开展了系列深度学习模型构建研究，深度学习模型在土壤纹理提取与拟合重建中取得了较为理想的精度水平（Reichstein et al.，2019）。如表1.3所示，许多学者尝试使用诸如卷积神经网络（convolutional neural networks，CNN）、门控回归单元（gated recurrent units，GRU）、长短期记忆（long short-term memory，LSTM）、深度前向神经网络（deep feedforward neural networks，DFNN）、H2O模型等来进行土壤水分拟合研究。有学者设计了一种基于LSTM的新型多尺度框架，以美国为研究区集成多源遥感数据与站点实测数据实现土壤水分估算，该模型能够直接从站点实测值中学习土壤水分时空格局，融合得到的9km数据精度经验证优于9km SMAP土壤水分数据，该研究从升尺度视角揭示了土壤水分站点实测值对获取高精度时空连续栅格数据的重要意义在（Liu et al.，2022）。还有研究针对中国区域测试比较了CNN、LSTM、Conv-LSTM（该模型集成了CNN和LSTM的优点）算法在提升SMAP土壤水分质量中的能力，将ERA5土壤水分信息迁移到SMAP中来提升预测数据精度，结果表明Conv-LSTM输出结果在拟合优度和误差上均较CNN和LSTM有所提升和改善，加入迁移机制的模型拟合精度在春、夏、秋三季优于未加入迁移机制的模型（Li et al.，2021c）。融合物理模型的Conv-LSTM也被应用于估算植被根区土壤水分，研究中将GLDAS土壤水分作为预测数据，将基于物理模型得到的时空连续根区土壤水分和地面实测值作为目标数据，模型得到的土壤水分估算值与GLDAS深层土壤水分值拟合度非常高（A et al.，2022）。有研究分析了包括深度信念网络（deep belief network，DBN）、改进的DBN以及残差网络（residual network，ResNet）在青藏高原地区土壤水分降尺度中的表现，结果表明与RF算法相比，深度学习模型在拟合土壤水分细节纹理中优势显著；与DBN模型相比，ResNet在学习和模拟土壤水分纹理中能力非凡，且具有很强的鲁棒性（Zhao et al.，2022）。

上述研究结果表明深度学习方法在土壤水分拟合中的适用性，且性能普遍优于传统机器学习，揭示其巨大的发展潜力；多深度学习模型融合的方法通常优于单一深度学习框架。另外，由于深度学习框架算法众多，为了确定相对优秀的 SM 估计算法，需要进行更多基于深度学习方法的探索。

1.4 土壤水分应用

土壤水分作为地球表层圈层系统的敏感要素，时时刻刻都在参与大气循环和水循环。地面站点实测值可以精确刻画某一位置的土壤含水量，但有限的空间代表性和空间范围使得难以利用站点实测值开展大规模应用。受限于星载传感器及卫星轨道参数，遥感反演难以实现时空连续、高分辨率的土壤水分信息构建。相比而言，自 20 世纪 50 年代以来不断涌现的土壤水分质量提升算法在提升原始数据产品的空间覆盖率、空间分辨率、获取多深度含水量信息等展现出卓越的能力。这些多模型改进的土壤水分产品已经被广泛应用于理解诸如干旱监测、气候变化、水文、生态等地球系统过程中。

1.4.1 干旱监测

干旱通常由于降水不足和蒸发过量引起，导致土壤水分出现不同程度的下降。由于干旱会严重影响作物生长和产量，农业部门一直非常重视实时干旱监测和预警。因此，大量研究探索分析了土壤水分在干旱监测预警中的潜力。第一，对于以先进种植业闻名的地区，在布设土壤水分地面监测网络时可以考虑在农田中布置较多的传感器来增强监测密度，以实时获取并掌握农田含水量情况，采取相应措施保障农作物稳产高产（Dorigo et al., 2011；Rossing et al., 2007；Van der Veer Martens et al., 2017）。第二，在区域或国家尺度范围的干旱预测研究中，可同时应用站点实测值和遥感反演数据来共同实现土壤水分的全域精准监测（Ghulam et al., 2007；Liu et al., 2017a；Park et al., 2017）。第三，卫星遥感反演或陆面模式同化得到的粗分辨率土壤水分产品常被用于刻画大尺度（洲际、全球）的干旱特征（Do and Kang, 2014；Sheffield and Wood, 2006）。在这些研究中，土壤水分和其他相关辅助变量（如植被状态、温度、降水）被联合应用于干旱分析。这些变量被转化成具有代表性的干旱指数如土壤水分干旱指数（Park et al., 2017）、土壤水分亏缺指数（Liu et al., 2017a）、土壤水分利用效率（Do and Kang, 2014）、垂直干旱指数（Sheffield and Wood,

2008)、修正垂直干旱指数（Ghulam et al.，2007）、增强综合干旱指数（Enenkel et al.，2016）来综合表征干旱状态的持续时间、趋势、频度和严重性。

1.4.2　气候变化

联合国政府间气候变化专门委员会第六次评估报告于2021年发布（Pedersen et al.，2021），报告明确地揭示了前所未有的变暖趋势和日益频繁的极端天气事件的严重警告。由于气候系统内的每个要素时时刻刻均在与其他所有要素交互作用，因此土壤水分的时空演化格局是多变量驱动造成的。所以，基于星载传感器反演和陆面模式同化的土壤水分产品已被广泛用于气候变异性实验和分析。有研究评价了全球多源卫星遥感融合土壤水分产品，发现在1988~2010年干化和湿化趋势出现在不同的区域（Dorigo et al.，2012）。有研究综合评价了多套基于卫星反演和再分析的土壤水分产品，两类产品在非灌溉区表现出一致的取值分布格局，在人类干预（灌溉、收割等）频繁的区域两者差异较大（Qiu et al.，2016）。有学者使用ECV v04.2版本土壤水分产品在月尺度和年尺度开展分析，结果表明湿润区域变得越来越湿，干旱区域变得越来越干，揭示了土壤水分逐步两极分化的趋势（Pan et al.，2019）。除了分析土壤水分演化特征之外，还有很多研究机构根据蒸散发、温度、降水和土壤水分之间的相互作用和反馈进行了综合气候变化研究。(Pastor and Post，1986；Rodriguez-Iturbe et al.，1999；Seneviratne et al.，2010）。

1.4.3　水循环

土壤水分在陆气水文循环和能量平衡中发挥着重要作用，它可以"记忆"来自陆气系统的异常信号，并为循环系统的其他组分如蒸散发、降水、地下水和径流提供有效反馈（Li et al.，2021b）。联合国粮食及农业组织关于作物蒸散量的第56号灌溉和排水文件将土壤水分可获得量列为影响作物蒸散估计的关键因素（Pereira et al.，2015）。有学者估算了尼罗河上游的蒸发量并利用最小二乘数据同化法计算土壤水储量，将ECV土壤水分产品以及GRACE流域水储量数据作为同化过程中的必要输入变量（Allam et al., 2016）。同时，阿姆斯特丹全球陆面蒸发模型（Global Land Evaporation Amsterdam Model V3）利用基于星载传感器融合反演（ECV 和 SMOS）以及陆面模型同化（GLDAS Noah）的土壤水分产品来估算流域蒸发量（Martens et al., 2017）。此外，基于土壤水分与降水之间的强烈耦合效应（Koster et al., 2004；Koster et al., 2003），有研究通过土壤-水平衡方程研发了 SM2RAIN 算法，该算法可运用土壤水分站点实测值与卫星反演值来有效估计流域和全球范围的降水量（Brocca et al., 2014；Brocca et al., 2013）。有研究在美国俄克拉何马州使用土壤水分现场测量检测地下水变异性，在去除非饱和带中的土壤水分变异性后，成功获得了地下水异常的时间序列（Swenson et al., 2008）。此外，遥感土壤水分产品已被证明能够有效校准地下水-陆面模型（Sutanudjaja et al., 2014）。还有研究表明，土壤水分和土壤性质的空间变异性可能通过影响暴雨强度从而对径流产生主导和复杂的影响（Merz and Plate, 1997）。因此，多源异构土壤水分产品被广泛用于改进径流模型，以帮助设置模型初始场、降低的预测不确定性（Brocca et al., 2010；Tramblay et al., 2010）。

1.4.4　生态系统

土壤水分是陆地生态系统基本过程的关键调节器，其变异性可以显著影响陆地生态系统的运行模式。土壤水分可以通过影响植被水分胁迫的发生、强度和持续时间，直接影响生态系统的光合作用和净初级生产力（Dorigo et al., 2017；Reichstein et al., 2013）。此外，氮、碳循环与土壤水分运动密切相关（Li et al., 2021a）。因此，土壤水分在生态系统中扮演着至关重要的角色。有研究基于站点实测值证明了土壤水分对光合作用的影响，结果表明，即使在升温背景下，低土壤水分依然可能限制北方树种在生长季的光合作用。此外，该研究分析了干旱对全球范围内净初级生产力变异性的影响，并证明了常年干旱和季节性干旱地区有效土壤水分与净初级生产力之间的强正相关性（Reich et al., 2018）。有研究利用 Carnegie-Ames-Stanford 方法计算土壤水分平衡（Chen et al., 2013），然后转换为水压因子以表示其对净初级生产力的影响。此外，数十个全球净初级生产力估计模型将多深度土壤水分（范围从 0 到

2.5m）作为重要的输入参数（Churkina et al., 1999）。有研究分析了 1980~2015 年中国区域旱地的土壤水分及其源自 TerraClimate（Abatzoglou et al., 2018）的相关参数（Li et al., 2021a），研究发现，植树造林等水土保持工程明显增加了净初级生产力，但同时造成土壤水分持续下降，给生态系统可持续发展造成潜在威胁。相关研究利用卫星反演的土壤水分产品和相关环境驱动因素分析了 1961~2014 年美国的蒸发量下降现象，量化结果显示在此期间蒸发量显著下降约 6%（Rigden and Salvucci, 2017）。

1.5 进展与挑战

1.5.1 取得进展

历经近半个世纪，地面传感器性能、星载微波遥感技术持续迭代发展，为获取土壤水分数据奠定了坚实的基础。利用多传感器、多过境时间、多波段的微波数据和累积分布函数、线性回归、神经网络、陆面过程模式同化等融合方法，研制了多种时空连续、近实时、多深度、可扩展、高精度的土壤水分拟合算法及产品，为掌握全球多尺度土壤水分在时间、经度、纬度、深度 4 个维度的演化特征提供了全方位数据支撑，为气候变化效应分析、陆表水循环过程探索、生态系统碳氮水循环格局研究、洪涝干旱灾害预警、农作物长势分析与估产等科学研究提供了充分的土壤水分数据储备。同时，随着科学研究内容深化与细化，对土壤水分数据质量的要求日益增长，使得土壤水分产品研制面临着巨大的迭代优化机遇和挑战。

1.5.2 面临挑战

本章前序几节简要介绍了多源土壤水分产品的主要类型、反演方法、质量改进技术和应用。总体来说，经过半个多世纪的发展，土壤水分数据获取与应用研究取得了巨大的进步。然而，科学研究对土壤水分数据的质量要求日益提升，使得当前数据产品及算法技术需要持续迭代提升，主要提升领域可以分为以下几个方面。

(1) 提高空间覆盖率

许多以土壤水分作为关键分析对象的研究，使用无缝数据产品来确保对研究区域的完全覆盖。幸运的是，基于同化和再分析的土壤水分产品在陆面模型/水文模型的协助下已经实现了既定空间范围的无缝覆盖。然而，对于遥感反演土壤水分数据来说，间隙区域普遍存在。由于受微波穿透力的限制，星载传感器几乎无法在冰冻或茂密植被（生物量≥5kg/m^2）覆盖的区域探测回波信号。获取森林区域的土壤水分数据对于理解林区地表水分状态至关重要，森林对自然界中的水体运移以及土壤水分、降水、蒸发、径流和水文循环具有显著调节作用。难以预料的 RFI 通常则会导致异常值。卫星和地球之间的公转/自转差异可能导致带状空值区域。因此，持续探索比较空间插补方法（如经典统计方法与人工智能算法）的性能，并在此基础上优选出适宜进行多尺度范围土壤水分空值插补的方法，对于提升遥感土壤水分产品的空间覆盖率非常重要（Fang et al., 2017；Liu et al., 2020c）。数据融合也是一种通过融合多源多模态土壤水分及其相关参数信息，来提高数据产品空间完整性的有效方法。例如，基于多源卫星数据数据融合的 ECV 和 SMOPS 土壤水分产品地表覆盖率明显高于单一传感器反演的产品（Wang et al., 2021b）。

(2) 提高空间分辨率

与低分辨率土壤水分产品相比，高分辨率土壤水分产品更适用于田块、流域以及区域尺度的应用，例如流域尺度上的水文模拟或田块尺度上的土壤水分空间变异性分析。许多研究基于统计模型、数据融合、同化和机器学习算法对土壤水分进行空间降尺度，在高分辨率 MODIS、Landsat、Sentinel 数据的辅助下取得了较高的建模精度（Kim et al., 2020；Liu et al., 2020a；Qin et al., 2013；Sadeghi et al., 2017）。研究发现机器学习方法在便捷度、效率和能力方面具有显著优势，尤其是多元回归树模型能够取得高精度土壤水分降尺度重建结果。但是经典模型未能考虑土壤水分的空间纹理特征，深度学习技术的出现为模拟具有空间自相关特征的对象（如土壤水分）带来前所未有的机遇。因此，亟须探索深度学习家族中适宜进行土壤水分建模的算法框架（Reichstein et al., 2019）。此外，源自光学传感器和合成孔径雷达的高分辨率对地观测数据常作为解释变量应用于降尺度框架中（Peng et al., 2017；Xu et al., 2018）。

(3) 时间序列拓展

在气候变化研究领域常使用几十年乃至上百年的数据来开展实验分析，以捕捉气候演化规律、探索气候耦合机制。因此持续延长现有土壤水分数据集的时间序列，对于促进理解长期地球系统过程大有裨益。土壤水分地面站点实测数据起源于20世纪50年代，卫星对地观测数据最早可追溯到70年代，当前同化数据产品起始日期最早可达1950年。为了在时间尺度上持续延长土壤水分产品序列，一方面，应保持现有对地观测计划的可持续性；另一方面，布设新的地面监测网络、发起新的对地观测卫星计划势在必行。例如，中国国家卫星气象中心于2021年7月5日发射了FY-3E卫星，该卫星致力于与FY-3C和FY-3D在轨组网，观测土壤水分和其他气象参数（Zhang et al., 2021）。此外，在未来情景模式和水文模型的协助下可以预测未来数十年的土壤水分情况，并以此来分析和预判未来的气候演化趋势（Falloon et al., 2011; Seneviratne et al., 2010）。

(4) 提高时间分辨率

除了追求高空间分辨率，提高时间分辨率也将是未来土壤水分产品的关键研究重点。小时级监测数据对于研究日内人工灌溉、降雨、蒸散发引起的土壤水分波动非常有价值，也是分析农情以及陆气耦合效应不可或缺的数据（Allam et al., 2016; Brocca et al., 2014; Brocca et al., 2013; Mladenova et al., 2019）。目前，地面监测网络和陆面模型均可以提供小时/分钟级的土壤水分数据；此外，就卫星数据而言，SMAP发布了每3小时的地表和根区土壤水分产品，该产品滞后期2.5天，基于升轨和降轨亮温数据同化而成，这表明陆面模式是研制高时间分辨率土壤水分产品的有效途径（Reichle et al., 2021）。随着越来越多的遥感卫星发射，其过境时刻各不相同，在全球范围内每天获取观测数据的次数将越来越多，土壤水分时间分辨率有望进一步提高（Zhang et al., 2021）。

(5) 缩短时滞

实时/近实时土壤水分数据对于监测农业干旱和洪水早期预警必不可少，农田对土壤水分产品的实时性也有较高的要求，以便及时安排灌溉或排水。站点实测数据可以通过传感器和物联网实现快速监测和数据实时传输。然而，就遥感和同化产品而言其数据产品通常有几十个小时的时滞。例如，SMOPS 6小时产品的时滞为 3 小时，日尺度产品的时滞为 6 小时。SMAP 系列产品时滞如下所示：①1 级产品时滞 12 小时；②2 级产品时滞 24 小时；③3 级产品时滞 50 小时；④4 级产品时滞 7 天以内（He ct al.，2021）。ERA5 土壤水分产品以大约 5 天的延迟持续更新（Hersbach et al.，2020）。因此，迫切需要加速和优化数据传输、算法操作和数据分发的过程，包括但不限于改进相关设备、技术和方法。

（6）研发多深度数据产品

地表和根区土壤水分产品对于促进理解对地球系统过程具有同等重要的意义。此外，根区土壤水分更能够表征植被可获得的土壤水分情况。研发多深度土壤水分产品对于全面掌握土壤水分纵深分布格局至关重要。地面监测网络可以使用不同埋深的传感器探测多深度土壤含水量（Dorigo et al.，2011），同化和再分析相关算法可以有效描述土壤中的水分运移过程并获得根区土壤水分估计值，以满足水文和农业领域的应用需求（Hersbach et al.，2020），数据同化系统也逐渐在遥感土壤水分产品中加以运用来研制根区土壤水分产品。例如，SMAP 将其观测数据与辅助信息融合到陆面模式中，基于时空内插和外推得到 3 小时、9km×9km 分辨率的地表（0～5cm）和根区（0～100cm）土壤水分估计值（Entekhabi et al.，2010；Reichle et al.，2017）。ECV 项目也启动了多深度土壤水分研发计划，使用 Noah MP 和 ISBA LSM 研制根区土壤水分产品，该产品致力于将植被物候学、生物量碳分配与土壤水分可利用性联系起来。

（7）提高数据精度

为了获取高精确度土壤水分产品，大量研究致力于从设备、技术、理论依据等方面持续深化研究。地面传感器可由人工定期校准和维护，以确保其在良好条件下正常运行（Dorigo et al.，2011）。AMSR2 卫星使用 X 波段探测土壤水分信号，并使用与其相邻的 C 波段避免 RFI（Parinussa et al.，2013）。SMAP 计划设计了有效的 L 波段 SM 检测传感器以及先进的抗 RFI 设备和算法，以检测和消除对 L 波段的辐射干扰（O'Neill et al.，2010；Piepmeier et al.，2014）。此外，在机理模型、数据同化方面也取得了系列进展，有助于进一步提升土壤水分产品的精度和一致性水平（Hersbach et al.，2020）。上述进展为后续开展数据精度提升研究积累了丰富的经验，当前土壤水分数据精度提升研究仍存在较大拓展空间，人工智能驱动的算法在拟合土壤水分方面显示出巨大的潜力，随着越来越多的地面监测网络和卫星项目提上日程，开放获取的土壤水分数据集体量将愈发庞大，将人工智能技术与多源多模态数据集有机结合，将为土壤水分产品精度提升带来新的机遇。

(8) 提高模型性能和可解释性

近几十年来，针对获取土壤水分数据已建立并更新了诸多模型，相应的数据产品整体质量明显提高。经典物理模型广泛应用于土壤水分星载传感器数据反演以及同化模型中，这些模型结构严谨逻辑缜密，且理论上可解释（Hersbach et al.，2020；Hoffmann et al.，2019）。相比而言，人工智能驱动的方法，尤其是深度学习家族，同样在土壤水分拟合回归和预测方面表现出卓越的能力（Peng et al.，2017；Reichstein et al.，2019），它们普遍具有高效、简单和便捷的优点。然而，其内部的算法机制缺乏明确的物理意义。因此，将物理模型与人工智能算法集成融合打造混合模型能够取长补短，在获取高质量土壤水分产品的同时使计算方法具有明确的物理意义和可解释性。

1.6 本章小结

自耕作农业出现以来，土壤水分就备受关注，在传感器与卫星遥感技术问世之前，人们普遍采用主观感知方法了解土壤水分情况，以便合理安排灌溉和排涝。随着地面传感器、星载传感器和反演算法的出现，获取时空连续的土壤水分记录变得越来越便捷。由于土壤水分在陆地气耦合作用系统中发挥着重要作用，海量多源异构土壤水分数据集已被广泛用于干旱监测、气候变化、生态和水文学的研究中。多数涉及土壤水分的综述通常仅限于某些反演算法、尺度转换或技术应用。因此，有必要厘清当前土壤水分产品的现状与发展趋势，全面阐述土壤水分产品的质量提升历程。

本章介绍了土壤水分数据的主要获取方法以及当前用于提高土壤水分产品质量的方法，能够为理解掌握土壤水分数据反演方法发展进程提供借鉴参考。鉴于土壤水分时空分布的非线性特征和演化格局的复杂驱动机制，人们在改进原始数据获取方法方面做出了巨大努力，诸多统计、数据融合、同化和机器学习方法被设计改进，以提高拟合的土壤水分产品的可靠性（包括时空完整性、分辨率和准确性）。上述方法有些在机理上可解释，有些则难以解释，但它们均在提升土壤水分产品质量中作出了贡献。在算法建模过程中，多源多模态土壤水分数据以及相关解释变量数据被输入其中，以提升土壤水分拟合的合理性。

尽管土壤水分拟合模型在近半个世纪取得了系列进展，但仍有巨大的提升空间，例如追求更高的空间覆盖率、更精细的空间分辨率、更长的时间跨度、更高的时间分辨率、更短的时间延迟、多深度产品、更高数据精度以及更好的模型性能和可解释性等。此外，提出针对性的解决方案以减轻各种植被覆盖和人类活动干扰的影响可以从根本上提高星载传感器接收信号和反演土壤水分数据的准确性。

第 2 章 土壤水分时空演化格局分析数据来源与技术方法

2.1 数据来源

本书以欧洲中期天气预报中心研制的，全球气候第五代大气再分析（the fifth generation of European Centre for Medium-Range Weather Forecasts Reanalysis，ERA5 Land）多深度土壤水分数据集为主要对象，开展土壤水分时空演化格局分析，在研究过程中适时加入与其密切耦合的土地覆被、土壤温度、降水、植被指数、蒸发、融雪和人类活动取水数据以探索时空互反馈关系。

2.1.1 土壤水分及土壤温度数据

(1) ERA5 Land 土壤水分产品

ERA5 Land 基于四维变分数据同化与欧洲中期天气预报中心预报模型研制而来，全球月尺度数据产品时间序列自 1950 年 1 月延续至今，空间分辨率为 0.1°×0.1°，所有数据均可通过哥白尼气候变化服务数据中心（https://www.ecmwf.int/）免费开放获取。ERA5 Land 在研发过程中融入了海量模型数据与全球对地观测数据，利用欧洲中期天气预报中心陆面耦合交换模型和 H-TESSEL 模型，遵循物理学定律制定时空框架连续且一致的气候再分析数据集。关于 ERA5 Land 复杂动态物理模型的具体细节本书不再详述，敬请参考 Hersbach 等（2020）和 Hoffmann 等（2019）。目前土壤水分和土壤温度数据均有 4 种不同深度：0~7cm（Layer1）、7~28cm（Layer2）、28~100cm（Layer3）、100~289cm（Layer4）。

在本书研究中，使用了 1950～2020 年的月尺度 ERA5 Land 土壤水分产品来分析土壤水分含量的演化特征。作为 ERA Interim 的优化升级版，ERA5 Land 算法及土壤水分产品质量显著提升，与其他再分析数据产品相比精度良好（Cheng et al.，2019；Li et al.，2020a）。尽管卫星遥感土壤水分产品同样可以应用于大范围演化趋势分析，普遍存在的空值区域与有限的微波穿深极大限度降低了其应用便捷性。卫星遥感产品仅能获取地表 0～5cm 深处的土壤水分信号，相比而言，ERA5 Land 再分析产品能够提供 0～289cm 深度范围的土壤水分情况，且在时空完整性方面优势显著。

（2）土壤水分站点监测数据

本书研究中使用地面站点监测数据来定量评价 ERA5 Land 土壤水分产品的精度，站点监测数据源于国际土壤水分网络（https：//ismn.geo.tuwien.ac.at/en/）的 MONGOLIA 土壤水分地面监测网络。该网络拥有 42 个站点，能够对地表 0～10cm、10～20cm、20～30cm、30～40cm、40～50cm、50～60cm、60～70cm、70～80cm、80～90cm 深度处的土壤水分开展监测，监测的时间频率为 10 天一次，时间为 1964～1992 年每年的 4～10 月。

2.1.2 土地覆被数据

本书在后续章节研究过程中主要使用了两种土地覆被数据产品。

1）欧空局基于气候变化倡议项目研制发布的 1992～2019 年 300m×300m 空间分辨率土地覆被产品（Bontemps et al.，2013）。其数据分类体系如表 2.1 所示。

表 2.1 欧空局土地覆被分类体系

一级类代码	一级类名称	二级类代码	二级类名称
10	雨养旱地	11	雨养旱地，草本植被覆盖
		12	雨养旱地，乔木或灌木覆盖
20	人工或洪水灌溉旱地	—	—
30	旱地（>50%）/自然植被（乔木、灌木、草本植被覆盖）（<50%）		

续表

一级类代码	一级类名称	二级类代码	二级类名称
40	自然植被（乔木、灌木、草本植被覆盖）（>50%）/旱地（<50%）	—	—
50	乔木覆盖，阔叶，常绿，密集到稀疏（>15%）	—	—
60	乔木覆盖，阔叶，落叶，密集到稀疏（>15%）	61	乔木覆盖，阔叶，落叶，密集（>40%）
		62	乔木覆盖，阔叶，落叶，稀疏（15%~40%）
70	乔木覆盖，针叶，常绿，密集到稀疏（>15%）	71	乔木覆盖，针叶，常绿，密集（>40%）
		72	乔木覆盖，针叶，常绿，稀疏（15%~40%）
80	乔木覆盖，针叶，落叶，密集到稀疏（>15%）	81	乔木覆盖，针叶，落叶，密集（>40%）
		82	乔木覆盖，针叶，落叶，稀疏（15%~40%）
90	乔木覆盖（针阔混交）	—	—
100	乔木与灌木（>50%）/草本植被覆盖（<50%）		
110	草本植被覆盖（>50%）/乔木与灌木（<50%）		
120	灌木	121	常绿灌木
		122	落叶灌木
130	草地	—	—
140	地衣和苔藓	—	—
150	稀疏植被（乔木，灌木，草本植被覆盖）（<15%）	151	稀疏乔木（<15%）
		152	稀疏灌木（<15%）
		153	稀疏草本植被覆盖（<15%）
160	乔木覆盖，洪水冲刷，淡水或苦咸水	—	—
170	乔木覆盖，洪水冲刷，淡水或咸水	—	—
180	灌木或草本植被覆盖，洪水冲刷，淡水或咸水或苦咸水		
190	城市区域		
200	裸地	201	永久裸地
		202	非永久裸地
210	水体	—	—
220	永久冰雪覆盖区		

2）NASA 的 MCD12C1 "国际地圈–生物圈计划" 土地覆被产品，空间分辨率 0.05°，时间范围为 2001~2020 年，其数据分类体系如表 2.2 所示。

表 2.2 MCD12C1 土地覆被分类体系

代码	名称	描述
0	水体	永久水体覆盖至少 60% 区域
1	常绿针叶林	以常绿针叶乔木为主（树冠>2m），乔木覆盖率>60%
2	常绿阔叶林	以常绿阔叶和掌状乔木为主（树冠>2m），乔木覆盖率>60%
3	落叶针叶林	以落叶针叶乔木为主（树冠>2m），乔木覆盖率>60%
4	落叶阔叶林	以落叶阔叶乔木为主（树冠>2m），乔木覆盖率>60%
5	混交林	以落叶和常绿乔木为主（各占40%~60%，树冠>2m），乔木覆盖率>60%
6	密集灌丛	以多年生木本植物为主（高1~2m），覆盖率 60%
7	稀疏灌丛	以多年生木本植物为主（高1~2m），覆盖率 10%~60%
8	多树草原	乔木覆盖率 30%~60%（树冠>2m）
9	稀树草原	乔木覆盖率 10%~30%（树冠>2m）
10	草地	以一年生草本植物为主（高度<2m）
11	永久湿地	永久淹没地区，水体覆盖率 30%~60%，植被覆盖率>10%
12	耕地	至少 60% 的面积为耕地
13	城市与建成区	至少 30% 为不透水表面，包括建筑、沥青和车辆
14	耕地/自然植被混交	小规模零星种植区域，40%~60% 为天然树木、灌木或草本植被
15	永久冰雪	一年中至少有 10 个月至少 60% 的地区被冰雪覆盖
16	裸地	至少有 60% 区域是植被覆盖不足 10% 的贫瘠（沙子、岩石、土壤）区域

2.1.3 降水数据

降水是能够直接引起土壤水分剧烈波动的气象要素，也是在分析土壤水分时空演化趋势中必不可少的研究对象。本书使用了两种降水数据。第一种源自 ERA5 Land，其时空分辨率、时空范围、研制方法等与上述土壤水分产品一致。第二种是 0.1°×0.1° 分辨率的 MSWEP（Multi-Source Weighted-Ensemble Precipitation）V2 产品（Beck et al., 2019b）。该数据集提供了自 1979 年至今实时的全球 3 小时分辨率降水情况，其独一无二之处在于融合了雨量站、卫星和再分析数据以获取全球范围内的最高精度降水估计值。MSWEP 在融合雨量站观测数据的同时考虑了观测时刻，以减少卫星及再分析估计值和观测值之间的时间不匹配。近实时数据时滞约 3 小时。综合评价结果表明 MSWEP 在雨量站密集区及无雨量站布设区域的精度均优于其他降水产品（Beck et al., 2019a；Beck et al., 2017）。

2.1.4 植被指数数据

土壤水分是陆生植被赖以生存的源泉，本书研究使用经典的归一化植被指数 NDVI 来表征植被状态，基于 GIMMS（Global Inventory Monitoring and Modeling System）NDVI 开展分析，该数据产品的原始数据来自 AVHRR 星载光学传感器信号，空间范围覆盖全球，空间分辨率为 (1/12°) × (1/12°)，时间分辨率 15 天，时间范围 1981~2015 年，是目前时间范围最长的遥感反演 NDVI 数据产品（Pinzon and Tucker, 2014）。

2.1.5 蒸发数据

陆面蒸发是指地表水分汽化进入大气的过程，其中土壤蒸发强度主要由土壤表面水汽压与空气水汽压之差决定，当土壤水分蒸发量大于土壤水分补给量时，蒸发率逐渐降低。作为水文循环的重要环节之一，蒸发与土壤水分之间存在密切耦合关系。本书使用了两种蒸发数据。第一种源自 ERA5 Land，其时空分辨率、时空范围、研制方法等与上述土壤水分产品一致。第二种是 MERRA-2（Modern-Era Retrospective analysis for Research and Applications, Version 2）。MERRA-2 全球蒸发数据产品空间分辨率为 0.625°×0.5°，时间分辨率为逐月，时间范围自 1980 年至 2020 年（Bosilovich et al., 2017；Gelaro et al., 2017）。该产品融合了高光谱辐射、微波、GPS 无线电掩星数据集以及 NASA 自 2004 研制的臭氧剖面观测数据。MERRA-2 是首个同化气溶胶天基观测数据并能够表征气溶胶与气候系统中其他物理过程相互作用的长时间序列全球再分析产品。

2.1.6 融雪数据

高寒地区融雪是除降水外补充土壤水分的重要途径，本书在探索青藏高原土壤水分时空演化驱动力时加入融雪要素进行探讨分析。研究过程中使用的融雪数据源自 ERA5 Land，其时空分辨率、时空范围、研制方法等与上述土壤水分产品一致。

2.1.7 人类活动取水数据

除了自然气候要素之外，我们还使用了空间化的全球人为取水数据集来刻画人类活动对土壤水分动态序列的影响。空间化的取水数据源于联合国粮及农业组织、美国地质调查局的统计数据（Huang et al., 2018），并基于空间降尺度将国家尺度的数据降至格网尺度，然后利用时间序列线性插值和时间序列降尺度方法将每五年的数据降至逐月尺度。数据集空间覆盖全球，空间分辨率为 $0.5°×0.5°$，时间范围自 1971 至 2010 年。

2.2 技术方法

2.2.1 数据预处理

在预处理阶段，我们使用编程语言 Python 3.5 及其对应的地理空间数据抽象库（Geospatial Data Abstraction Library，GDAL）（Shekhar et al., 2017）将上述数据集的格式统一为 TIFF。所有数据产品的空间分辨率统一重采样至 $0.1°× 0.1°$，旨在与土壤水分产品空间分辨率保持一致。具体而言，采用双线性插值法对蒸发和人类活动取水数据降尺度，利用算术平均值和众数法分别对 NDVI 和土地覆被数据集升尺度。此外，将土地覆被数据的水体和永久冰雪作为土壤水分过滤提取的掩膜。最后，将所有参数转换为 GCS_WGS_1984 坐标系，以便后续进行计算分析和结果展示。

2.2.2 距平

本书主要致力于研究土壤水分的长期变化趋势，因此需要计算距平

（anomaly）来消除强季节性波动，放大年际波动规律，具体来说，通过减去相应月份的多年平均值来计算每个变量的距平（Xie et al., 2019），公式如下所示：

$$\text{Anomaly}(i,j) = X(i,j) - \frac{1}{n}\sum_{i=1}^{n} X(i,j) \tag{2-1}$$

式中，Anomaly (i, j) 为第 j 年的 i 月的距平值；$X(i, j)$ 是参数 X 在第 j 年的 i 月的值；n 是总年数。

2.2.3 相关系数

相关系数是表示两个变量之间相关性的经典指标。该指标的取值范围在 [−1, 1]，正值表示正相关，负值表示负相关，相关系数的绝对值越接近 1，相关性越大。

$$R(X,Y) = \frac{\text{Cov}(X,Y)}{\sqrt{\text{Var}[X]\text{Var}[Y]}} \tag{2-2}$$

式中，$R(X, Y)$ 为 X、Y 两个变量的相关系数；X、Y 是两个变量的时序数据；Cov (X, Y) 是 X、Y 的协方差；Var $[X]$、Var $[Y]$ 分别表示 X、Y 的方差。

2.2.4 互相关系数

互相关系数（cross correlation）可以表征两个变量（如土壤水分与土壤温度、蒸发、降水等）在不同时段的相关性，其公式如下所示：

$$\text{Crosscorrelation} = \sum_{n} X[n+k] \times Y^*[n] \tag{2-3}$$

式中，Crosscorrelation 为互相关系数；X 是土壤水分产品；Y^* 是土壤温度、蒸发、降水等的复共轭；n 是数组长度；k 是滞后月数。

2.2.5 滑动平均

通过计算各要素的滑动平均值消除季节波动，并使用 12 个月的移动窗口以凸显其年际演化趋势（Zivot and Wang，2003）。滑动平均值有利于表征各要素的演化程度，将各演化趋势叠合分析则可进一步分析其协变效应。具体公式如下所示：

$$\text{Rollingmean}(t) = \overline{X(t-11:t)} \qquad (2\text{-}4)$$

式中，Rollingmean 为滑动平均值；$\overline{X(t-11:t)}$ 是过去 12 个月中某一要素的时间序列滑动平均值。

2.2.6 季节分解

经典季节性分解（classical seasonal decomposition）是识别总体趋势、周期性和异常值的有效方法（Papacharalampous et al.，2018）。它使用移动平均窗口将时间序列分解为 3 个分量：总体趋势、季节性变化和残差。本研究主要利用其总体趋势曲线来表征土壤水分的时间序列动态演化情况。该方法通常有乘法和加法两种模型来分解数据序列：

$$X_{(t)} = T_{(t)} + S_{(t)} + e_{(t)} \qquad (2\text{-}5)$$

$$X_{(t)} = T_{(t)} \times S_{(t)} \times e_{(t)} \qquad (2\text{-}6)$$

式中，$X_{(t)}$ 是原始数据集；$T_{(t)}$ 是总体趋势；$S_{(t)}$ 是季节性变化；$e_{(t)}$ 是残差；t 是时间序列。我们计算了两个模型的算术平均值以刻画土壤水分的时间变化特征。

2.2.7 格兰杰因果关系检验

诺贝尔经济学奖得主克莱夫·W. J. 格兰杰提出了一种非线性统计假设，用于测试一个变量的历史时间序列是否对经济和政治领域的另一个变量预测有促进作用，称为格兰杰因果关系（Granger，1969）。此后，这一方法逐渐推广应用于地球系统研究，公式如下：

$$X_t = \sum_{i=1}^{n} a_i X_{t-i} + \sum_{i=1}^{n} b_i Y_{t-i} + \varepsilon_t \qquad (2\text{-}7)$$

$$Y_t = \sum_{i=1}^{n} c_i Y_{t-i} + \sum_{i=1}^{n} d_i X_{t-i} + \eta_t \qquad (2\text{-}8)$$

式中，X_t、Y_t是两个变量的时间序列数据；n是时滞；a_i、b_i、c_i、d_i是回归系数；ε_t、η_t是白噪声。格兰杰因果关系既考虑了相互关系又考虑了自相关，并基于 F 检验判定格兰杰因果关系假设是否成立。与仅使用历史 X_t 相比，若在考虑 Y_t 之后对未来 X_t 的预测得到显著改善，则意味着 Y 是 X 的格兰杰原因，反之亦然。

2.2.8 显著性检验

为了确保实验结果的可信度，本研究使用置信度为 95% 的显著性检验来判断计算结果的合理性。

2.3 本章小结

本章系统梳理了后续章节实验分析过程中使用的多源异构数据集以及数据分析处理方法，为开展土壤水分时空序列演化分析、探索演化驱动力奠定了科学数据基础和技术方法支撑，为本书解决关键科学问题、取得新发现、获得新认识创造了良好的先决条件。

第 3 章 全球土壤水分时空演化格局

3.1 时空动态变化趋势特征

3.1.1 多深度时空整体变化情况

图 3.1 展示了 1950~2020 年全球多深度土壤水分的空间分布模式,由于南极大陆几乎完全被冰川覆盖,因此本书研究中涉及的区域范围为 90°N~60°S。土壤湿润地区大部分被森林覆盖,主要分布在亚马孙河平原、中南半岛、刚果盆地、马来群岛、密西西比平原和华南地区,这些地区通常位于沿海的中纬度和低纬度地区,能够受到来自海洋的暖湿空气带来的大量降水补给。此外,在洋流作用、河流补给和低蒸发的共同作用下,哈德孙湾沿岸和中西伯利亚高原沿海地区也表现出明显的高土壤湿度。相比之下,土壤干旱地区主要位于干旱和半干旱气候区,并伴有降水不足现象。草原和裸地是土壤干旱地区的主要土地覆被类型。就垂直变异性而言,除极端干旱的撒哈拉沙漠地区外,土壤基本上随着深度的增加呈现出持续湿润的趋势(图 3.1)。如图 3.1 中各柱状统计图所示,小于 $0.1 m^3/m^3$ 的土壤水分百分比从 16% 稳步收缩至 10%,同时,其他值的百分比缓慢增加。

如图 3.2 所示,本书研究基于经典时间序列分解方法绘制土壤水分时间序列演变曲线,土壤水分的时间变化可以大致分类为三个阶段:①1950~1969 年,土壤水分在中等范围内波动;②1969~1999 年,土壤水分进入峰值区,整体相对湿润;③1999 年后,土壤水分呈现出稳定下降的趋势。随着土层深度的增加,波动程度显著降低,这意味着即使在去除季节性节律之后,地表土壤水分依然更容易受到气候因素的影响。此外,还计算了逐个像元的土壤水分

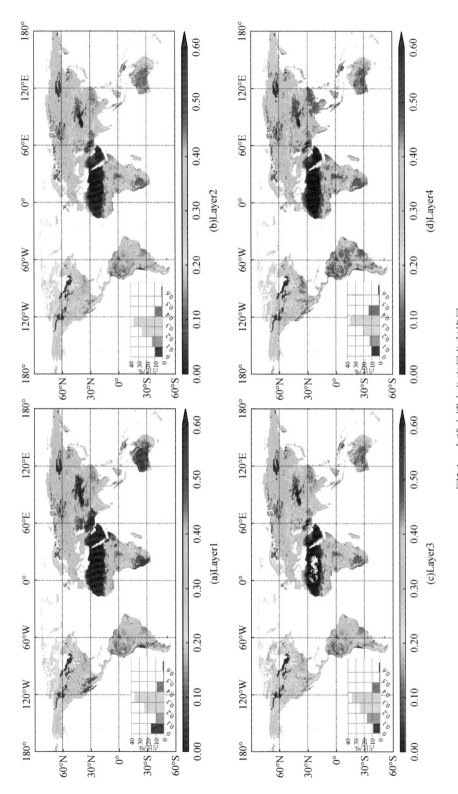

图3.1 全球土壤水分空间分布格局

注：图中除标明外，数值单位均为m^3/m^3。

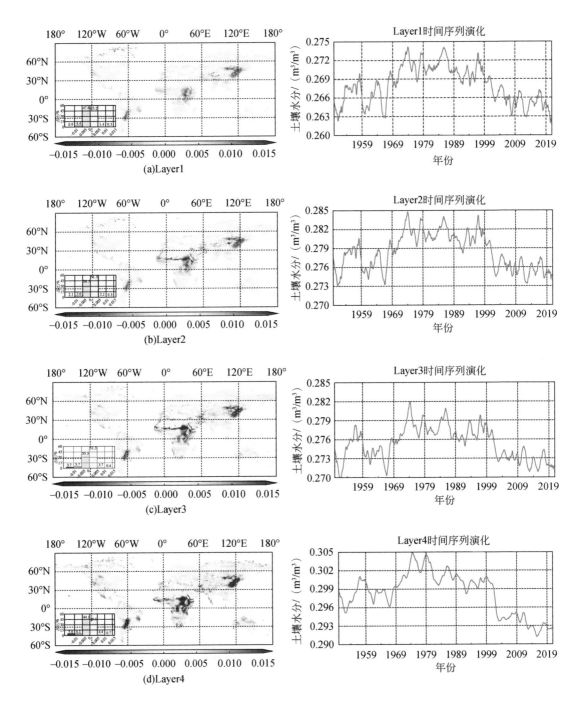

图 3.2 全球土壤水分时间演化趋势

注：图中除标明外，数值单位均为 / [m³/(m³·10a)]。

分布模式的时间演化趋势,并通过时间演化趋的线性回归获得了空间化的土壤水分变化趋势。

3.1.2 显著变化区域分析

如图 3.2 中左侧的空间分布所示,全球多深度土壤水分的演变具有不平衡特征。就变化程度而言,可分为 4 种类型(表 3.1)。对 Layer 1 和 Layer 4 来说,轻度干化的占比略大于轻度湿化,而在 Layer 2 和 Layer 3,轻度湿化的占比明显高于轻度干化的占比。值得注意的是,尽管显著干化和显著湿化的占比随着土层深度的增加而不断增加,但显著干化的占比始终明显大于显著湿化的占比,表明土壤缺水趋势在垂直方向上持续加强。如图 3.3 所示,显著干化区域主要位于:①拉普拉塔平原(LPP),那里聚集了阿根廷一半以上的居民、工业和农业;②中亚(CEA),主要包括中国的主要粮食产区和人口稠密地区;③东非中部(CAF),包括东非高原和埃塞俄比亚高原,这两个地区都是非洲著名的农业区;④北美东部(ENA),由于落基山脉纵贯南北,潮湿的空气被阻挡,该地区以干旱和半干旱的大陆性气候为主;⑤澳大利亚大自流盆地(GAB)以其内陆水资源而闻名,是澳大利亚重要的水资源供给区。显著湿化区域主要位于:①青藏高原(QTP)边缘,世界上海拔最高的高原(平均海拔4000m),冰川资源丰富;②南美洲北部和西南部边缘(NSA),拥有来自巴西洋流和南赤道暖流的充足降雨;③非洲中西部和南部(CSA),位于刚果盆地南部和西部;④北美中部(CNA),沿落基山脉东侧;⑤澳大利亚西北部(NAU),跨沿海热带草原气候和内陆热带沙漠气候带。总体来说,显著湿化地区通常位于偏远的高原、荒野或山区,很少有人为活动的直接干扰;显著干化地区是人口稠密的宜居地区,人类取水活动日益频繁。由此可初步判断,由

表 3.1 土壤水分演化程度分级

分级	值域/[m³/(m³·10a)]
显著干化	<-0.005
轻度干化	<0 & ≥-0.005
轻度湿化	>0 & ≤0.005
显著湿化	>0.005

于气候和人类活动特征的多样性，显著湿化和显著干化地区的主要驱动力可能会截然不同。上述变化明显的区域主要位于60°N～60°S，寒冷地区（>60°N）的土壤水分长期保持稳定，漫长的寒冷季节使得土壤处在冻结状态，蒸发量常年处于低水平，这些区域人迹罕至，很少有人类活动的干扰。

分别提取上述干化和湿化区域的土壤水分时间序列曲线，进一步分析各区域的演化特征。如图3.3所示，在初期阶段，深层土壤含水量普遍高于相对较浅的土壤，由于不同层的变化速率不同，这种模式正在逐渐改变。如图3.4所示，就显著干化区域而言，随着深度的增加，干燥速率通常会加剧。相比之下，不同显著湿化区域之间的多深度土壤水分变化规律比较复杂。此外，NSA区域的土壤湿润趋势在7月、8月和9月明显下降，此时是亚热带季风湿润气候的冬季，气温凉爽，降雨量不足。9月至12月，LPP区域有充足的降雨补充，Layer 1～Layer 3的干燥趋势明显缓解。受干燥信风的控制，CAF的干旱程度在9～12月的干旱期进一步加强。此外，ERA5-Land在研制土壤含水量时考虑了液体和固体水含量。因此，当土壤温度<0℃时，土壤水分保持恒定。在暖期（土壤温度>0℃），土壤水分呈现波动状态。

土地覆被在地形地貌、土壤性质、气候类型以及人类活动的综合影响下不断演变。鉴于植被与土壤水分之间的密切耦合关系，土地覆被与土壤水分之间也存在协变现象。如图3.5（a）～图3.5（e）所示，显著干化区在不同的土地利用和保护措施方面表现出不同的演变模式。例如，为了抑制土壤荒漠化，中国启动了三北防护林项目，在内蒙古等区域草原上种植了根系发达、抗盐碱能力强的树木。因此，稀树草原的百分比增加，而草原的百分比同时减少。根系发达的树木具有很强的吸水和保水能力，意味着随着树木的稳定生长，土壤可能越来越干燥。就CAF区域而言，裸地土地持续萎缩，草原扩张，表明土壤耗水量呈上升趋势。LPP区域地区则表现为森林退化和稀树草原扩张，裸地逐渐被开垦成耕地。ENA和GBA的土地覆被结构保持相对稳定。

相对而言，如图3.5（f）～图3.5（j）所示，显著湿化区域普遍表现为"绿化"趋势。随着土壤含水量的上升，QTP的裸地逐渐被草地取代。2001～2020年，裸地的百分比从76%下降到73%，而草地的百分比从22%上升到25%。变暖的温度一方面可以融化冰雪以滋养土壤，另一方面可以促进寒冷高原气候地区的植被生长。同样，在南半球（NAU），随着可用土壤含水量的增

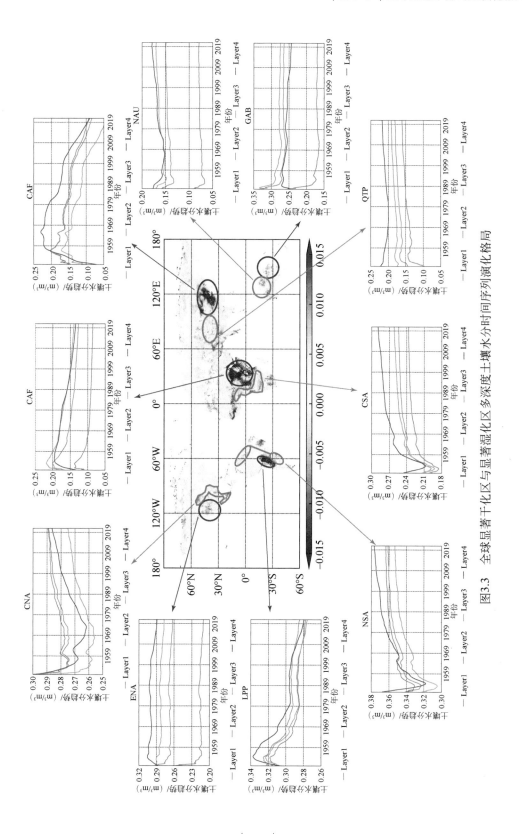

图3.3 全球显著干化区与显著湿化区多深度土壤水分时间序列演化格局

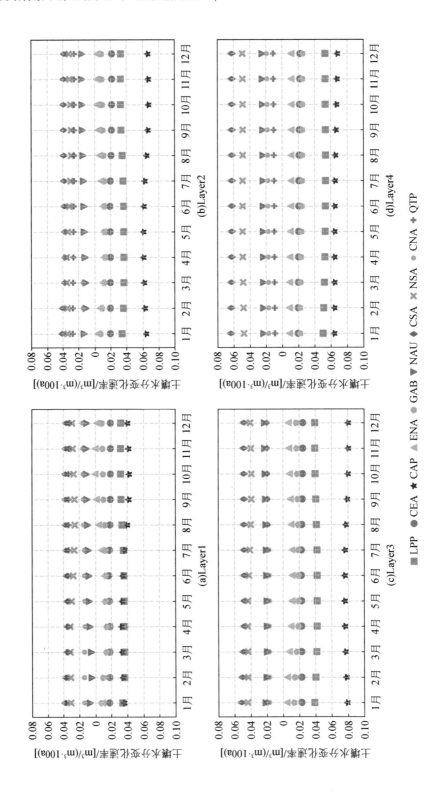

图3.4 显著干化区与湿化区多深度土壤水分月尺度演化速率

第 3 章 全球土壤水分时空演化格局

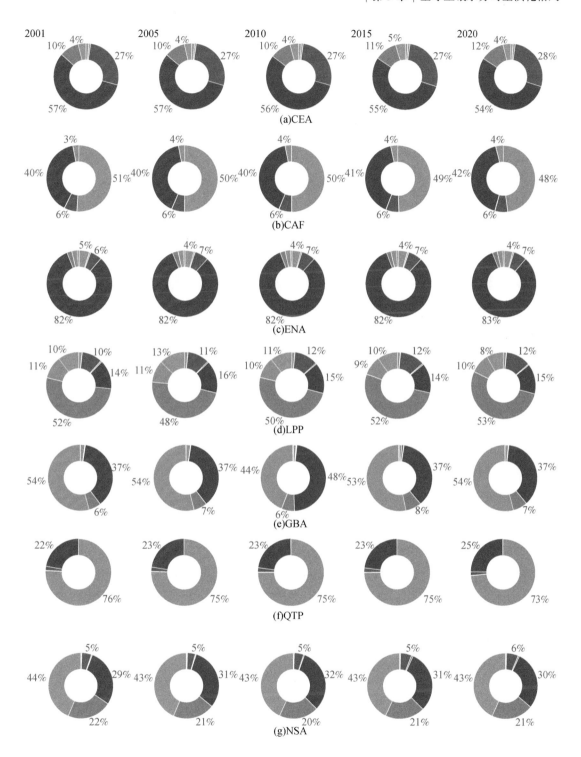

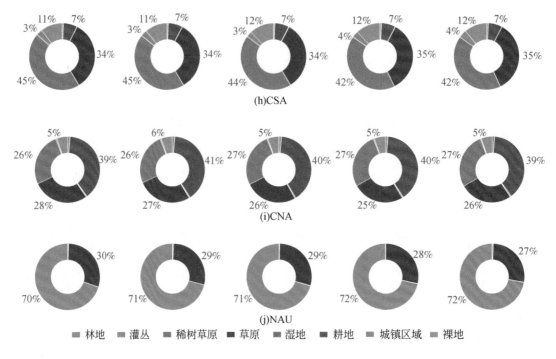

图 3.5 2001、2005、2010、2015、2020 年显著干化区与显著湿化区土地覆被组成结构百分比

注：图（a）~（e）为显著干化区；图（f）~（j）为显著湿化区。

加，原始草地逐渐被灌木所占据。此外，土壤含水量与植被之间存在着的强烈滞后正相关，在澳大利亚大陆缺水（干旱/半干旱）地区，低密度植被对土壤含水量特别敏感（Chen et al., 2014）。然而，在季风和潮湿气候地区，由于植被对土壤水分的敏感性较低，以及农业、畜牧业和制造业等发展需求对土地覆被的多样化干预，使得土地覆被的变化规律复杂化。

3.2 归因分析

3.2.1 气候要素归因分析

气候因素是公认的影响土壤水分变化的重要驱动力。如图 3.6~图 3.9 的（a）~（d）图所示，通过计算每个像元的时间相关系数，刻画土壤水分与气候因素之间的耦合关系以及季节节律。此外，考虑到总体演变趋势可以从长时间序列视角揭示它们的潜在相关性,如图3.6~图3.9的(e)~(h)图所示,本书研究计算并呈现了季节分解去趋势后的时空相关系数模式。空白区域意味着相应区域的序列数据未通过95%显著性检验。一般来说,季节性趋势和季节性去趋势的相关性都表现出随着土壤深度的增加而下降的趋势,由于表层土壤的物质和能量拦截作用,深层土壤往往难以受到气候要素的直接影响。值得注意的是,由于时间焦点不同,季节趋势与季节去趋势相关性差异普遍存在于每个气候要素中。

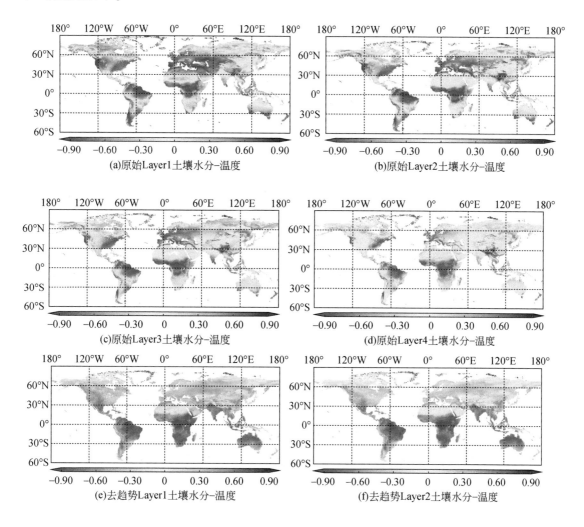

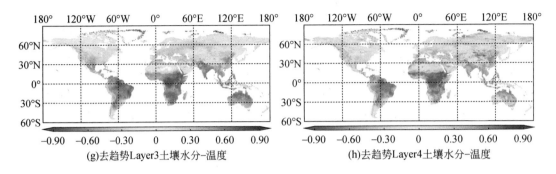

(g)去趋势Layer3土壤水分-温度　　(h)去趋势Layer4土壤水分-温度

图3.6　全球多深度原始土壤水分与土壤温度、去趋势土壤水分与土壤温度空间相关性

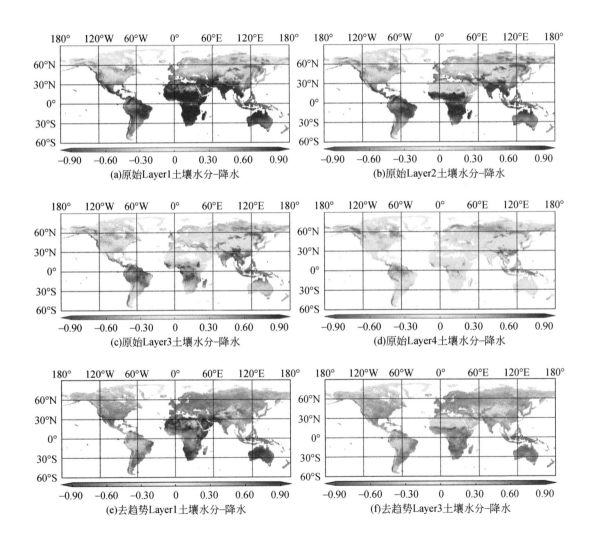

(a)原始Layer1土壤水分-降水　　(b)原始Layer2土壤水分-降水

(c)原始Layer3土壤水分-降水　　(d)原始Layer4土壤水分-降水

(e)去趋势Layer1土壤水分-降水　　(f)去趋势Layer3土壤水分-降水

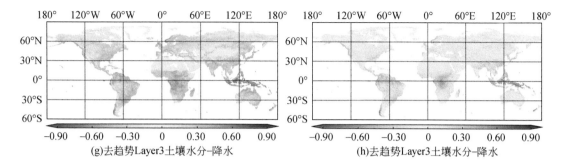

(g) 去趋势Layer3土壤水分-降水　　　(h) 去趋势Layer3土壤水分-降水

图 3.7　全球多深度原始土壤水分与降水、去趋势土壤水分与降水空间相关性

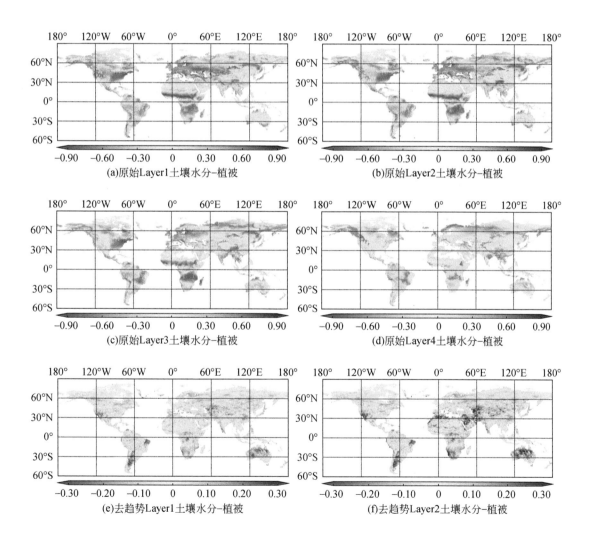

(a) 原始Layer1土壤水分-植被　　　(b) 原始Layer2土壤水分-植被

(c) 原始Layer3土壤水分-植被　　　(d) 原始Layer4土壤水分-植被

(e) 去趋势Layer1土壤水分-植被　　　(f) 去趋势Layer2土壤水分-植被

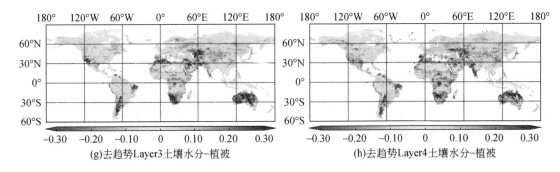

(g)去趋势Layer3土壤水分-植被　　　　　　(h)去趋势Layer4土壤水分-植被

图 3.8　全球多深度原始土壤水分与植被指数、去趋势土壤水分与植被指数空间相关性

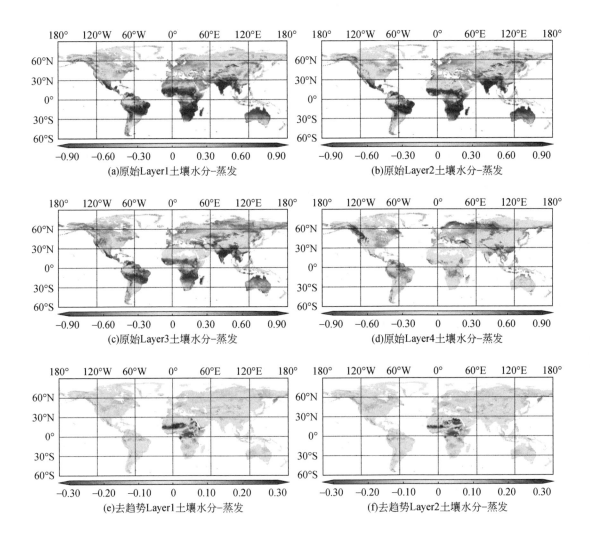

(a)原始Layer1土壤水分-蒸发　　　　　　(b)原始Layer2土壤水分-蒸发

(c)原始Layer3土壤水分-蒸发　　　　　　(d)原始Layer4土壤水分-蒸发

(e)去趋势Layer1土壤水分-蒸发　　　　　　(f)去趋势Layer2土壤水分-蒸发

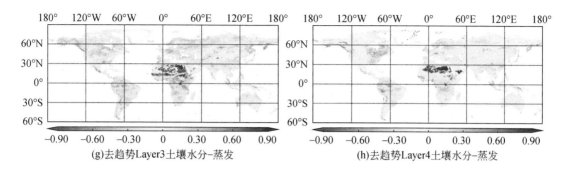

图 3.9 全球多深度原始土壤水分与蒸发、去趋势土壤水分与蒸发空间相关性

具体来说，去趋势的土壤水分和土壤温度在不同深度均表现为负相关关系。随着温度上升，土壤中的水分在能量的驱动下蒸发到空气中。已有研究表明，全球变暖趋势不仅促进土壤水分蒸发，还会耗尽浅层地下水，这是土壤水分的主要补给水源之一（Condon et al., 2020）。在季节尺度上，暖季的水分补给量大于蒸发量时，土壤水分与土壤温度表现为正相关。如图 3.6（a）~（d）所示，正相关区域主要分布于高纬度或高海拔地区，如青藏高原、中西伯利亚高原、安第斯山脉、阿拉斯加、拉布拉多高原和德拉肯斯山脉。在这些地区，除降水外，融化的冰雪在温暖季节对土壤的滋养起着至关重要的作用。如图 3.7 所示，土壤水分与降水之间存在显著的空间正相关关系，尤其是在 30°N 和 30°S 之间的地区，除撒哈拉地区外（全年降水稀少），充沛的降水贯穿全年。相比而言，正相关水平随着纬度或离海距离的增加而下降。就植被指数而言，其与土壤水分相关模式相对复杂，因为水热条件和人工调节均会直接影响植被生长。土壤水分与植被正相关区域主要分布在北美中部、欧亚大陆西部、非洲赤道森林和亚马孙雨林。这些地方以湿润气候为主，意味着在植被生长季节可用土壤含水量会进一步增加。相比之下，土壤水分与植被负相关区域位于高海拔、高纬度和热带稀树草原气候区。在高原气候区，春季解冻会使土壤湿润，在随后的生长季节，植被对水的需求量迅速增加，然而，由于降雨量不足，很难提供充足的土壤水分补充。热带稀树草原气候区也有典型的缺水现象。因此，在这些区域土地覆被类型以抗旱草原和稀树草原为主，土壤水分呈现下降趋势。与植被相比，蒸发与土壤水分表现出相反的空间相关性，在潮湿气候区域，蒸发与土壤水分呈负相关，在季风/半干旱/干旱地区，蒸发与土壤

水分呈正相关。同时，植被指数、蒸发和土壤水分之间的季节去趋势相关性大大减弱，这表明这两个因素可能不是引起土壤水分长期时空格局演变的主导因素。

除相关系数分析外，本书研究进行了格兰杰因果检验，以研究气候因素演变趋势与多深度土壤水分之间的互反馈效应。由于先前的研究发现，土壤水分与各因素间的互反馈效应具有时滞性，为 1~3 个月不等（Tian et al., 2022），因此，在计算过程中，将最大时滞设置为 3 个月。如图 3.10 所示，尽管表层土壤具有截流效应，但随着土壤深度增加，所有气候因素与土壤水分的互反馈效应愈发显著，表明气候因素可能对土壤水分的长期演变趋势产生深远影响。

具体而言，随着土壤深度增加，土壤水分与土壤温度的双向反馈百分比随之增加。土壤水分的蒸发速率通常随着土壤温度的增加而加快。在蒸发过程中，来自深层土壤的水汽通过土壤的孔隙逐渐到达地表并扩散到空气中。蒸发带走水分和热量，使土壤水分和土壤温度下降，地表土壤水蒸汽压和空气水蒸汽压之间的差值下降，从而导致蒸发率下降。因此，随着土层深度降低，土壤水分对蒸发的驱动效应上升；随着土层深度增加，蒸发对土壤水分的驱动效应上升。当温度低于 0℃ 时，冻土保持稳定状态。温度主要由太阳辐射控制，在多种生化过程和土壤呼吸中起着至关重要的作用，进而影响植物的生长发育和土壤的形成。适宜的温度、湿度和太阳辐射是植被生长的三个基本条件。因此，温度和湿度的协变是土壤生态系统领域中的一个长期研究热点（Knoepp and Swank, 2002; Lal, 1974; Li et al., 2008; Luo et al., 2013）。降水对土壤水分有显著的正向促进作用，格兰杰因果关系检验进一步证实了这一点。从 Layer 1 到 Layer 4，降水对土壤水分的有效驱动百分比从 28.57% 增加到 44.51%，表明降水是深层土壤的重要水源补充。同时，随着深度的增加，土壤水分对降水的有效反馈百分比逐渐下降，土壤水分对降水的反馈效应普遍较弱（Salvucci et al., 2002），零散分布于欧亚大陆腹地和非洲南部（Cook et al., 2006a）。土壤水分对降水的作用主要反映在过渡带出现中到强降雨的概率上（Wei et al., 2016）。据观察，在 60°N~60°S 范围内，植被指数和土壤水分之间显著的相互反馈关系程度随土层加深而不断增加（Wei et al., 2022），揭示了根区土壤水分与植被条件之间的紧密相互反馈关系。此外，依据已有研究

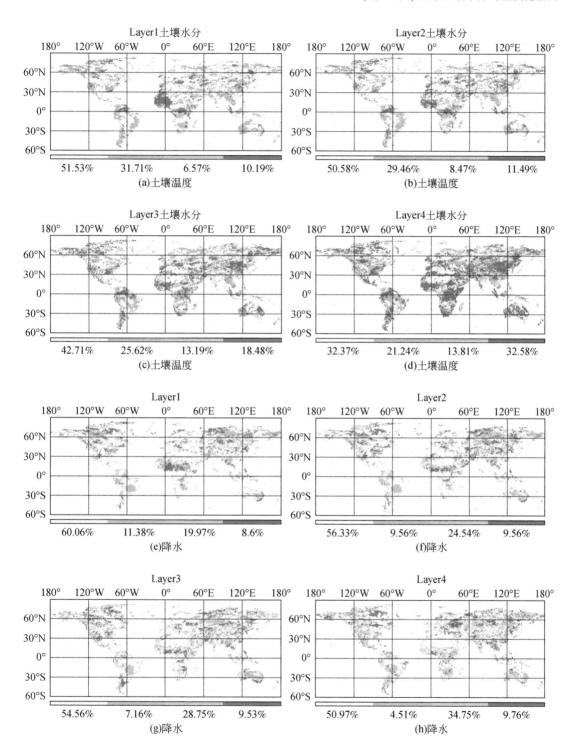

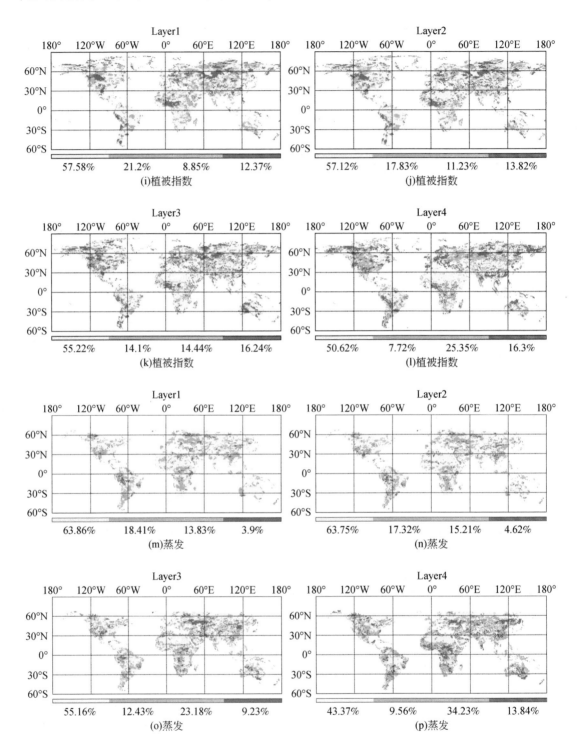

图 3.10 多深度土壤水分与土壤温度、降水、蒸发、植被指数格兰杰因果关系空间分布

注：红色区域表示两者互为因果关系，黄色区域表示气候因素是土壤水分的格兰杰原因，绿色区域表示土壤水分是气候因素的格兰杰原因，灰色区域表示两个要素之间无格兰杰因果关系。

证实的植被生产力和土壤水分之间的双向依赖性，植被"绿化"与土壤含水量的响应具有多样化特征（Zhang et al.，2022）。

3.2.2 人为要素归因分析

图 3.11～图 3.16 展示了 1971～2020 年人类取水量 [包括家庭生活（DOM）、电力（ELEC）、灌溉（IRR）、牲畜（LIV）、手工业（MFG）和采矿业（MIN）] 与土壤水分之间的季节趋势和季节去趋势相关性。与图 3.6～图 3.9 相反，随着土壤深度的增加，人类取水活动（IRR 除外）与 Layer 1～Layer 3 土壤水分之间的双向格兰杰百分比稳步增加，表明其对深层土壤水分的影响更为显著。鉴于深层土壤水分的演化与土壤类型和地形息息相关，人类取水活动与 Layer 4 土壤水分的互馈空间分布格局较为复杂（Martinez et al.，2008）。工业、农业和生活用水主要来自地表水（即河流、湖泊、水库）和浅层地下水。随深度增加而逐渐增强的相关性进一步证实了地下水对土壤含水量的自下而上的影响。此外，季节趋势相关性与季节去趋势相关性空间格局相似，表明与气候因素相比，人类取水的季节节律性相对模糊。

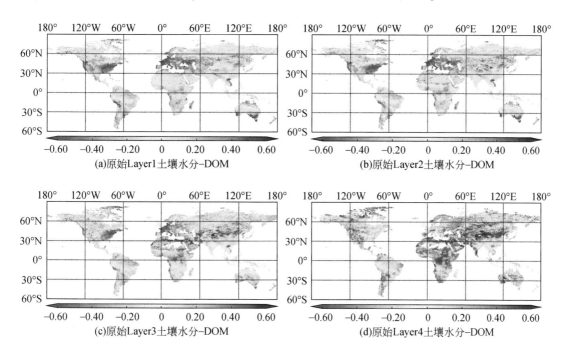

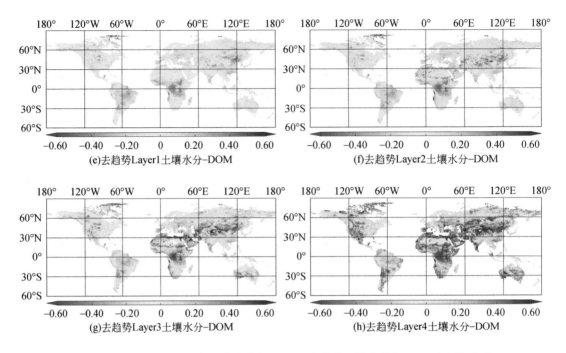

图 3.11 全球多深度原始土壤水分与 DOM、去趋势土壤水分与 DOM 空间相关性

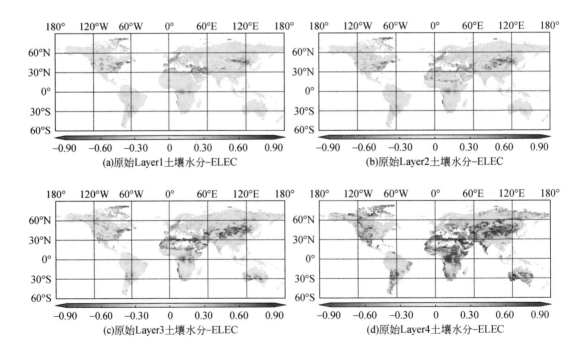

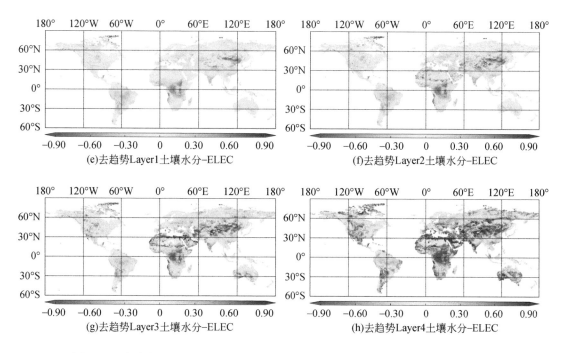

图 3.12 全球多深度原始土壤水分与 ELEC、去趋势土壤水分与 ELEC 空间相关性

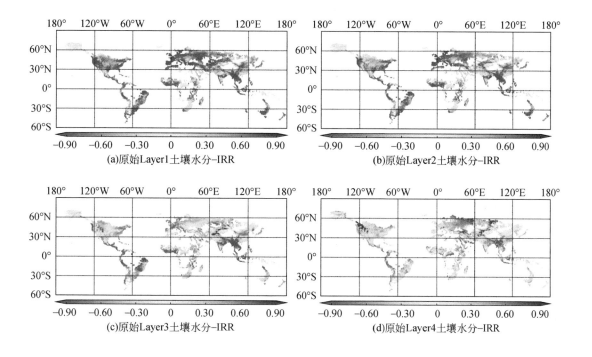

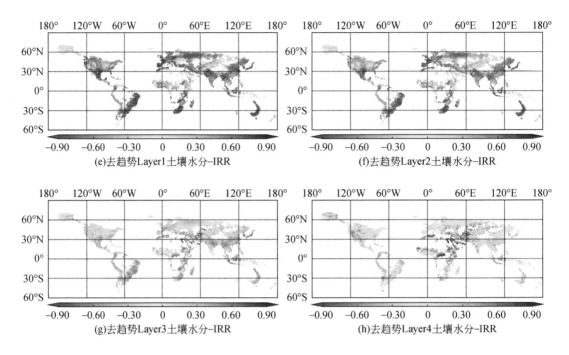

图 3.13 全球多深度原始土壤水分与 IRR、去趋势土壤水分与 IRR 空间相关性

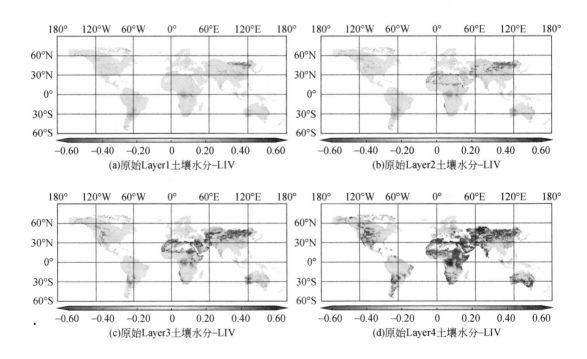

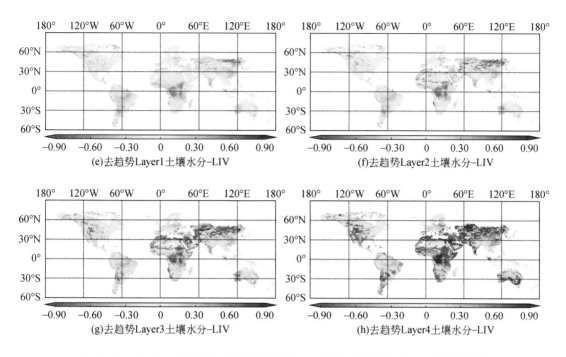

图 3.14 全球多深度原始土壤水分与 LIV、去趋势土壤水分与 LIV 空间相关性

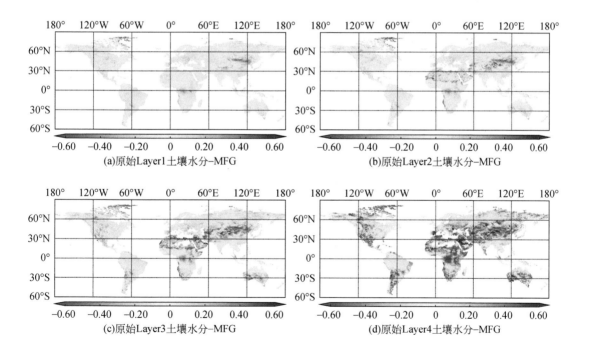

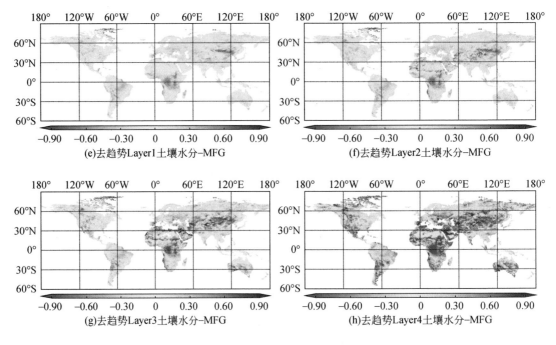

图 3.15 全球多深度原始土壤水分与 MFG、去趋势土壤水分与 MFG 空间相关性

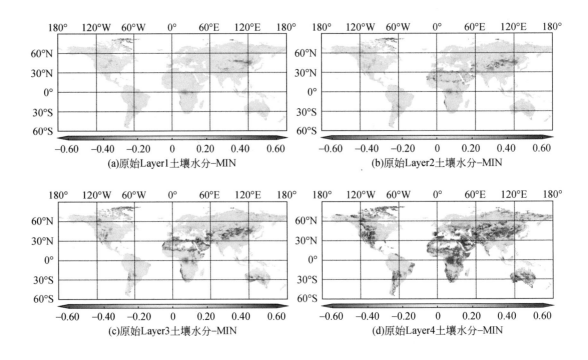

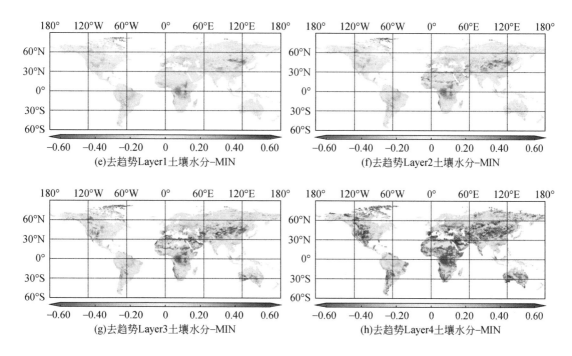

图 3.16 全球多深度原始土壤水分与 MIN、去趋势土壤水分与 MIN 空间相关性

DOM 与土壤水分显著负相关的区域位于中纬度发达国家和掌握先进水资源开发技术的地区，人口密度高，如美国、澳大利亚和欧盟。在中国东部、中东、阿根廷和智利等发展中国家和地区，这种负相关性略有减弱。在高温旱季，家庭用水需求（如洗衣、洗澡和游泳）急剧增加。此外，DOM 与土壤水分具有积极关系的地区位于干旱/半干旱气候区（包括热带、寒冷或高原地区），水源供应长期赤字。这些地方通常人口稀少，DOM 的可用水量很大程度上取决于自然降水补给。相比之下，Layer 1～Layer 2 的季节趋势相关性比季节去趋势相关性更为显著，这意味着 DOM 具有与土壤水分相似的季节性演化规律。

鉴于 MFG 和 MIN 都是电力依赖型行业，ELEC、MFG 和 MIN 与土壤水分的相关模式具有一致性。由于工业用水季节节律相对模糊，季节去趋势的空间相关性可能比季节趋势序列更显著。工业取水与土壤水分的密切相关性证明工业活动与土壤水分之间的长期耦合互馈联系。工业用水与土壤水分之间的趋势相关性与 DOM 和土壤水分之间的对应关系非常相似。如图 3.14 所示，在西半球 LIV 和土壤水分之间的相关性分布与 DOM、ELEC、MFG、MIN 和土壤水分之间的相关性一致。然而，在东半球，可以观察到刚果盆地、阿姆河流域、中国南部和中国东北平原上 LIV 和土壤水分之间存在明显的正相关。这些地区的气候类型完全不同，表明了全球畜牧业取水和土壤水分之间复杂的互馈格局。

在图 3.13 中，全球 IRR 和土壤水分之间以负相关为主，土地覆被类型以耕地为主。在灌溉过程中，水以稳定的流速通过土壤孔隙向下迁移，然后，在土壤分子力、重力和毛细力的共同作用下，每一层的土壤含水量都有所增加，并伴有一定的传导损失。由于深层土壤水分比浅层土壤水分更湿润和更稳定，IRR 和土壤水分之间的相关度一般随着深度的增加而减弱。当降水量不足时，灌溉是作物生长季节补充土壤水分的必要措施。整体上的负相关表明，无论气候类型或地形如何，土壤水分亏缺越严重，灌溉用水量越大，反之亦然。由于灌溉是为了确保作物正常生长和在降水不足的情况下保障产量的重要途径，灌溉用水效率（定义为作物用水单位产量）是领域内关注的焦点（Stanhill，1986）。作为一个水资源密集型行业，农业灌溉平均约占全球淡水使用量的 70%，尤其是发展中国家，约占 90%（Cai and Rosegrant，2002；Wisser et al.，2008）。近年来农业灌溉技术方法水平持续提升，与传统的大水漫灌相比，微喷雾/微湿润灌溉和滴灌在实现高用水效率方面都显示出突出的优势（Koech and Langat，2018）。此外，针对作物根系精准灌溉和施肥比地表灌溉施肥更为有效。然而，在所有土壤深度中，IRR 和地表土壤水分相关性最高，表明 1971~2010 年，地表灌溉是主流的灌溉方式。因此，有必要推广节水灌溉策略，以充分利用日益有限的淡水资源。

本节对全球人类活动取水与多深度土壤水分的动态趋势进行了格兰杰因果关系计算与分析，以揭示人类活动取水与多深度土壤水分演变模式之间的互反馈关系。为了与气候要素分析保持一致性，最大滞后时间同样设置为 3 个月。如图 3.17 所示，随着深度的增加，具有显著性互馈关系的百分比显著增加，与上述相关系数与深度呈正相关现象具有良好的一致性特征。鉴于城市化、移民和宏观政策的综合作用，人类取水的演变模式具有空间和时间的复杂性。在 95% 显著性检验水平下，具有单向或双向反馈效应的区域占 59%~89%。人类取水活动（包括 DOM、ELEC、LIV、MFG 和 MIN）是土壤水分演化的格兰杰原因的百分比随着深度的增加而略有增加，表明取水活动对深层土壤的影响更显著，这一发现与上述相关系数随深度增加而增加的结果一致。同时，土壤水分对人类活动用水的有效反馈百分比随深度的增加呈现出不明显的上升趋势。

土壤水分是指示陆表淡水资源可用量的敏感因子。土壤含水量与地表水体/浅层地下水息息相关，进而能够刻画可用水资源体量。由于灌溉活动主要发生于耕地区域，因此在其他土地覆被类型区域主要表现为空值。如图3.17（i）～（l）所示，就Layer1～Layer3而言，由于深层土壤通常比表层土壤更为湿润，表土层湿润状况通常被作为判断是否需要实施灌溉的依据，土壤水分有效驱动IRR的百分比从59.87%逐渐下降至55.34%，但灌溉对土壤水分演化的有效反馈百分比随深度的增加而增加。与降水相似，灌溉也是自上而下补给土壤水分的重要途径。综上所述，在六种人类取水活动中，LIV和IRR对土壤水分的有效驱动百分比最大，进一步证明了农业活动取水对土壤水分长期演化趋势的深远影响。

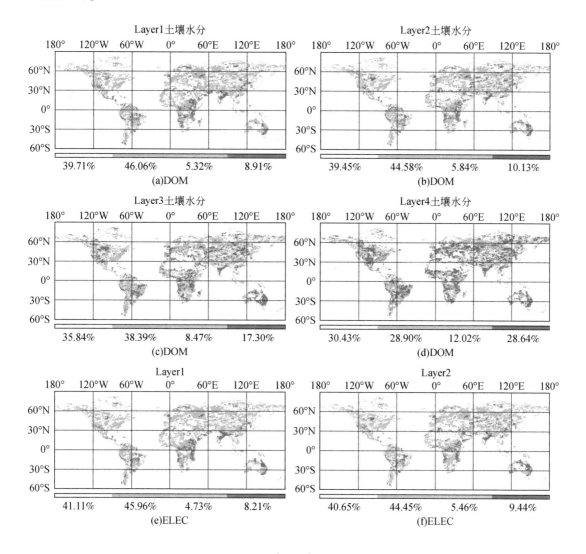

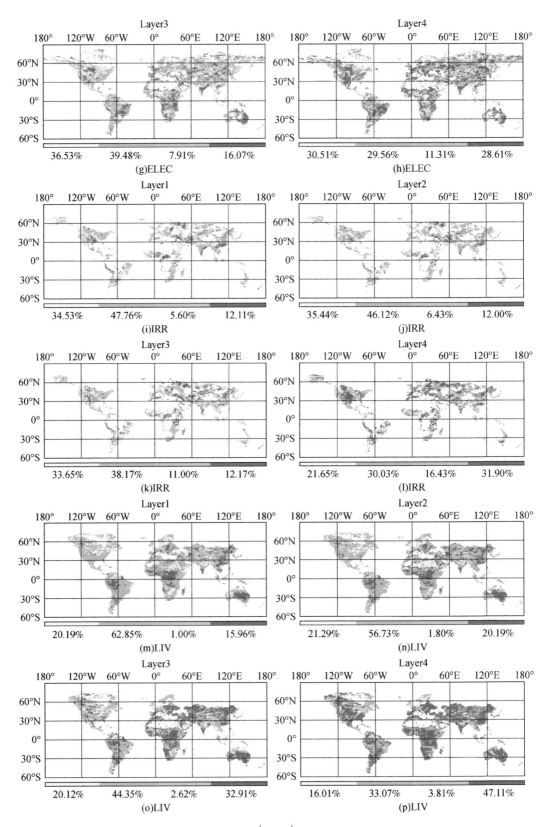

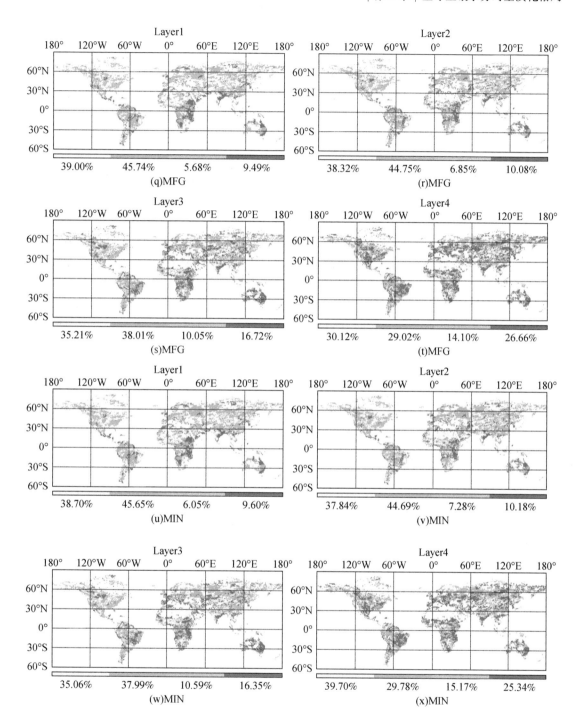

图 3.17 多深度土壤水分与 DOM、ELEC、IRR、LIV、MFG、MIN 格兰杰因果关系空间分布
注：红色区域表示两者互为因果关系，黄色区域表示人类取水活动因素是土壤水分的格兰杰原因，绿色区域表示土壤水分是人类取水活动因素的格兰杰原因，灰色区域表示两个要素之间无格兰杰因果关系。

3.3 本章小结

土壤水分作为气候变化的敏感指标，是陆-气水文循环中不可或缺的组成部分。鉴于其与植被生长和作物产量的紧密关联性，全面了解全球变暖和水热循环加剧背景下的多深度土壤水分变化具有重要价值。本章使用 ERA5 再分析数据集研究了土壤水分在月尺度上的演变模式，并揭示了全球不同的区域变化趋势。就时间演变模式而言，1950～2020 年全球土壤水分呈现出三个不同的阶段，分别是 1950～1969 年的中等水平阶段、1970～1999 年的充足阶段和 1999 年后的显著下降阶段。显著干化区域的百分比在不同深度上均显著高于显著湿化区域的百分比，这一现象揭示了土壤干旱趋势正在持续加强。此外，土壤水分波动幅度随着深度的增加而减小，表明了深层土壤的稳定性。通过区域分析，发现显著干化地区是人类聚集区，而显著湿化地区通常以恶劣的气候和/或偏远的不毛之地为主。由于气候变化和人类活动的共同影响，显著干化地区的土地覆被变化规律可能非常复杂。相比之下，由于土壤含水量的增加以及温度的升高，显著湿化地区普遍存在绿化趋势。本研究使用相关系数和格兰杰因果关系以及 95% 的显著水平进行归因分析，尝试探索引起土壤水分演化的可能主导因素。结果表明，虽然随着深度的增加，气候因素与土壤水分之间的相关性逐渐降低，但气候因素是土壤水分格兰杰原因的百分比同时稳步增加。除土壤温度外，随着深度的增加，土壤水分对气候因素的反馈呈下降趋势。降水与 Layer 1～Layer 3 土壤水分的格兰杰百分比最高，是 Layer 1～Layer 3 土壤水分演化的主要原因。蒸发被认为是 Layer 4 土壤水分演变的主导因素。相比之下，人为活动取水因素与土壤水分之间的相关系数和格兰杰因果关系百分比都显示出随着深度的增加而增强的趋势，这意味着人类取水和灌溉通过抽取地表水/地下水，深刻影响深层土壤的含水量。在本书研究分析使用的 6 种人类取水活动中，LIV 被视为驱动土壤水分变化的主要因素。同时，土壤水分作为农业干旱、可用地表水和地下水位的关键指标，也会对农业和工业用水产生重大影响。

已有研究表明，长季过热伴随着降水量和蒸散量不足可能会降低作物产量，充足的水分补充和适宜的土壤水分能够缓解气候变暖对作物的负面影响

（Lesk et al.，2021）。因此，灌溉是降低作物产量对空气/土壤升温的敏感性并确保粮食安全的有效途径。同时，为了提高用水效率，人们大力发展和应用先进的灌溉技术（Koech and Langat，2018）。除了粮食生产之外，畜牧业也是水资源密集型产业（Poore and Nemecek，2018）。例如，生产1L牛奶所消耗的淡水大约是生产1L豆浆的10倍，肉类和乳制品生产的耗水量通常远大于具有同等营养价值的普通作物的耗水量（Hoekstra，2012）。此外，为了抑制土地退化和荒漠化，植树造林项目方兴未艾，撒哈拉和萨赫勒绿色长城（Goffner et al.，2019）、印度大树篱（Moxham，2015）和三北防护林计划（Qiu et al.，2017）等显著改变了相应半干旱/干旱地区的植被格局。种植抗旱植被可以有效地保持土壤、防风和固沙。然而，由于上述区域的土壤水分有限、降水稀缺，因此在植树造林项目实施前应仔细严格评估植被的需水量和种植密度/结构，以实现生态可持续发展。

此外，持续的升温和降水量不足不仅直接降低土壤含水量，而且对人民生活和工业产生了巨大影响。2022年夏季席卷全球的持续干热浪潮会导致灌溉设施落后的大陆（即非洲）的粮食供应面临严重不确定性（Carlowicz，2022a）。与此同时，被称为欧洲交通大动脉的莱茵河在德国的许多路段都经历了水位下降，导致航运量大幅减少（Oltermann，2022）。作为美国最大的水库，米德湖为美国西部约2500万人供水（Barnett and Pierce，2008），目前该区域水位是1937年满容以来最低值，实际水量仅占其容量的约四分之一（Carlowicz，2022b）。四川省作为中国最重要的水力发电地区，由于河流水量、不足引发严重的发电不足问题，造成了严峻的电力供需矛盾。有关部门采取了不同的措施，包括定期关闭工业电力用户和居民有序限电（每天3小时内），以缓解困境（Davidson，2022）。四川的制造业支柱（如特斯拉汽车公司）和采矿业将遭受巨大的经济损失。因此，除了气候和人为因素对土壤水分变化的综合影响外，鉴于土壤水分对干旱和变暖的敏感连锁反应，其演变趋势也可以作为人民生活和工业用水的有效预测指标。

第4章　中国部分区域土壤水分时空演化格局

4.1　研究区概况

如图 4.1 所示，研究区土地面积辽阔，地域宽广，土地覆被类型自东南向

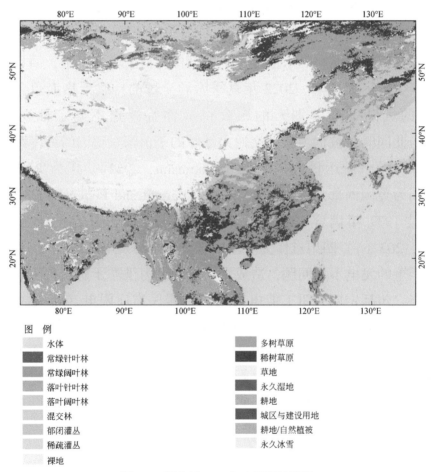

图 4.1　研究区 2020 年土地覆被情况

资料来源：土地覆被数据源于 MODIS 土地覆被产品（MCD12C1，https://modis-land.gsfc.nasa.gov/landcover.html），详情敬请参阅 Strahler，1999。

西北逐渐由森林演化为灌丛、稀树草原、耕地、草地和裸地。相应地，气候逐渐由湿润/半湿润气候演替为季风气候及干旱/半干旱气候。本书研究中使用的栅格数据分辨率为 0.1°×0.1°，即每个像元的面积约为 100km^2，面积小于一个像元的区域未被考虑在内。

4.2 时空动态变化趋势特征

4.2.1 多深度土壤水分与土壤温度的协变性分析

如图 4.2 所示，1950~2020 年，研究区内土壤水分变化呈现不平衡状态，就表 4.1 中不同的土壤水分变化水平而言，尽管大多数地区（>70% 的区域）保持相对稳定，但干化区域和湿化区域仍不容小觑，土壤含水量会对当地生态系统以及碳汇等产生深远影响。其中，干燥区主要位于我国华北平原和东北中部，该区域地形平坦，主要为温带季风气候。随着人类活动强度（如家庭、农业和工业活动）的不断提高，取水量和水资源消耗量飞速上涨，导致地下水位降低，地表水体枯竭，进而加剧土壤水分的流失和干化。作为我国人口最多的地区和缺水程度最严重的地区之一，地下水的持续过度开采和灌溉农业的扩张将导致严重的水资源危机（Kang and Eltahir，2018；Xing et al.，2013）。此外，在气候变暖的背景下，潜在蒸散量对土壤水分的影响变得愈发突出（Li et al.，2021d）。相比而言，湿润区分布在昆仑山（平均海拔为 5500~6000m）和天山（平均海拔为 4000m）山脉沿线，地势险峻，垂直带谱显著。该区域拥有中国最大的冰川区之一（Yang et al.，1996）。除了偶尔的科学考察活动之外，湿润区域位置偏僻，人迹罕至，因此，初步推测土壤水分湿化趋势主要由气候因素引起。

表 4.1 土壤水分演化趋势等级分类

等级分类	土壤水分演化范围
干化区	≤−0.005m^3/(m^3·10a)
稳定区	<0.005 并 >−0.005m^3/(m^3·10a)
湿化区	≥0.005m^3/(m^3·10a)

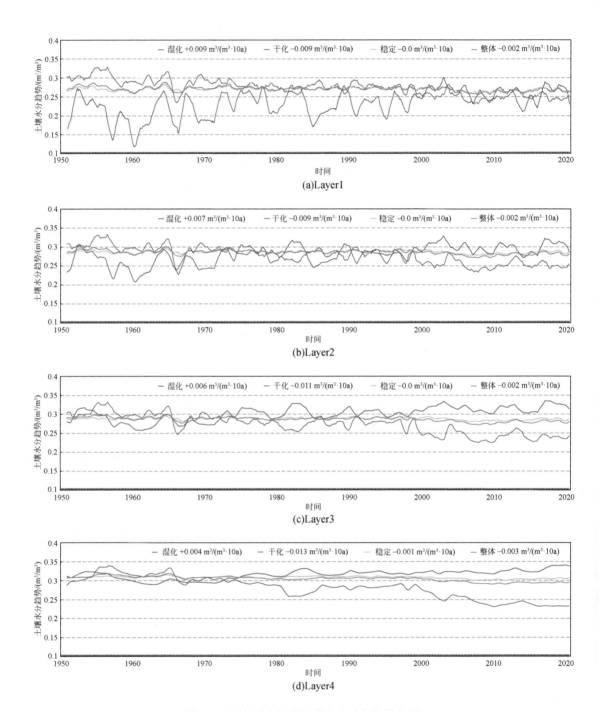

图 4.2 研究区多深度土壤水分动态演化序列

就不同土壤深度而言，随着深度增加，干化区面积逐渐扩张（从 22.45% 扩张至 25.95%），干化程度逐渐加强 [从 $-0.008\text{m}^3/(\text{m}^3 \cdot 10\text{a})$ 加强至

$-0.013 \mathrm{m}^3/(\mathrm{m}^3 \cdot 10\mathrm{a})$］；然而，湿化区面积逐渐收缩（从 4.15% 收缩至 3.02%），湿化程度也逐渐下降［从 $+0.009 \mathrm{m}^3/(\mathrm{m}^3 \cdot 10\mathrm{a})$ 下降至 $+0.004 \mathrm{m}^3/(\mathrm{m}^3 \cdot 10\mathrm{a})$］。长达70年的时间序列明确显示了不同地区的变化趋势，尽管阶段性波动时有出现，但长期角度来看，总体趋势十分显著。如图4.2所示，随着深度增加，湿化区的土壤水分含量稳步赶上并超过干化区的土壤水分含量。此外，随着深度的增加土壤水分波动幅度放缓，揭示了表土层对气候要素影响的敏感性和截留作用。这种现象在月尺度上得到了进一步验证，如图4.3所示，随着深度的增加，各月之间的变化从明显变为模糊。已有研究在蒙古高原（Meng et al.，2022）和美国伊利诺伊州（Wu et al.，2002）开展类似的土壤水分变异性分析调研，其结果也印证了深层土壤水分的稳定性特征。事实上，在水分通过土壤孔隙向下输送的过程中，由于不同的土壤持水能力，每个土层都会拦截部分水分，因此，土层越深，获得的水分越少，土壤水分振幅越小。受季节性融雪和降水的影响，湿化区域土壤水分全年持续增加，其中5月涨幅最小，此时融雪已接近尾声，但季节性降水尚未来临。同时，干化区全年各月保持一致的土壤水分下降趋势，并在春季和秋季表现出相对强烈的干化趋势，此时中国北方的冬小麦和玉米分别开始生长，作物需水量远大于平时。相对缓和的下降趋势出现在6月份，此时华北平原的小麦和早稻刚刚收获，呼伦贝尔草原上的牧草刚刚开始生长。

如图4.4所示，研究区多深度土壤温度动态演化序列表明，土壤水分和土壤温度之间的变异性存在负反馈关系，升温和降温区域的空间范围基本上分别与干化和湿化区域一致。总体而言，在全球变暖的背景下，研究区在过去70年中经历了平均每10年0.16℃的土壤升温趋势，就表4.2中不同的变化水平而言，随着土壤深度的增加，显著变暖区域的范围逐渐扩大（从27.07%扩大到30.29%），并且变暖趋势越来越显著（从每10年升温0.29℃增加到每10年升温0.31℃）。相比之下，冷化区的范围（在1.26%~1.47%波动）趋势（每10年下降0.01℃）。土壤温度下降趋势的分布与湿润区基本一致，降温趋势主要由夏季平均气温下降所致（Azam et al.，2018；Cogley，2011；Gardelle et al.，2012）。

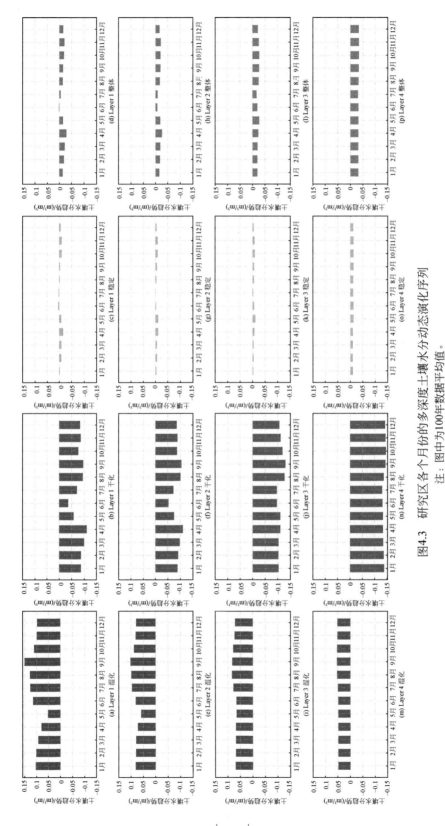

图4.3 研究区各个月份的多深度土壤水动态演化序列

注：图中为100年数据平均值。

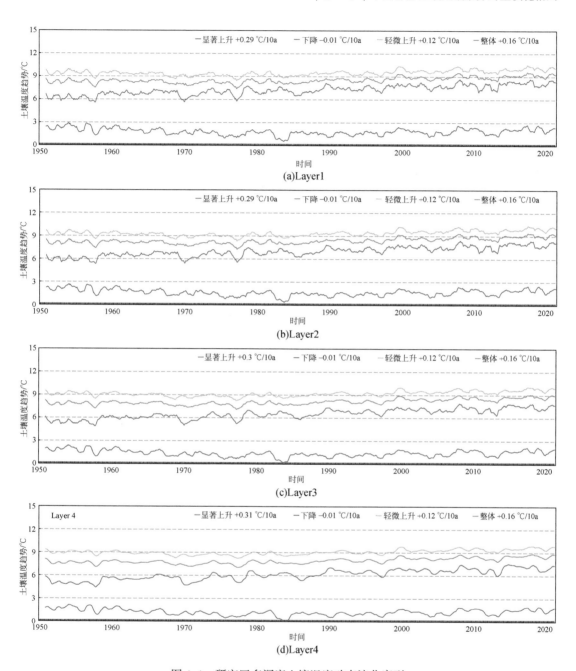

图 4.4 研究区多深度土壤温度动态演化序列

表 4.2 土壤温度演化趋势等级分类

等级分类	土壤温度演化范围
显著升温区	≥0.2℃/10a
轻度升温区	<0.2 并 >0℃/10a
降温区	<0℃/10a

如图 4.4 时间动态演化趋势和图 4.5 月度演化趋势表明，随着土壤深度的增加，月度和年际的土壤温度波动程度呈现逐渐缓和的趋势，这与土壤水分在垂直方向的振幅变化规律高度一致，进一步揭示了土壤中的水热协变性规律。具体来说，不同层之间存在差异性。对于升温区，Layer 1（0~7cm）和 Layer 2（7~28cm）的土壤温度显著增长期在春季（3月、4月和5月），而 Layer 3（28~100cm）和 Layer 4（100~289cm）的峰值增长期分别逐渐推迟到夏季和秋季。从降温区域来看，降温趋势主要持续在3月至9月，10月至次年2月出现不同程度的升温。地表土壤温度的变化源于太阳辐射、分子传导、潜热交换、对流和湍流，而垂直方向上土壤温度的变化主要源于热传导。在向下传热的过程中，每一层土壤都会保留部分热量，因此，土层越深，接收的热量越少，温度升高的幅度越小。

本书研究绘制了概率密度函数曲线，直观地显示 1950 年和 2020 年的土壤水分取值分布情况。如图 4.6 所示，1950~2020 年，干化区最大概率密度百分比对应的土壤水分取值从 $0.3m^3/m^3$ 逐渐下降至 $0.25m^3/m^3$。在 1950 年的湿化区，最大概率密度百分比对应的土壤水分取值随土壤深度加深从 $0.16m^3/m^3$ 逐渐增长至 $0.31m^3/m^3$。在 2020 年的湿化区，最大概率密度百分比对应的土壤水分取值随土壤深度加深从 $0.24m^3/m^3$ 渐增长至 $0.34m^3/m^3$。此外，不同 Layer 之间湿化区和干化区之间存在显著差异。如图 4.6（a）所示，1950 年，0~7cm 深处干化区最大概率密度百分比对应的土壤水分取值高于湿化区，而 100~289cm 深处湿化区最大概率密度百分比对应的土壤水分取值已超过干化区。2020 年，湿化区最大概率密度百分比对应的土壤水分取值在 7~28cm 深处就已经超过干化区。表明 1950~2020 年，随着深度的增加，土壤干化速度加快。

4.2.2 土壤水分与土地覆被的协变性分析

土壤表层通常覆盖着多类型的植被，植被生长状况受土壤水分的影响十分显著。一方面，土壤水分不足会导致植物枯萎；另一方面，过量的土壤水分会导致根系腐烂。同时，土壤水分的时空变异性也会受到植被的影响。一方面，植被吸收土壤中的水分进行呼吸和蒸腾，从而导致土壤水分含量降低；另一方

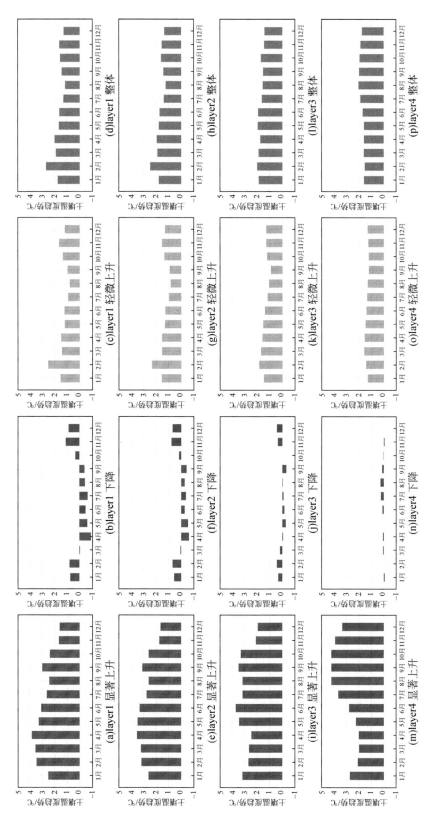

图4.5 研究区各个月份的多深度土壤温度动态演化序列（以100年时长为单位）

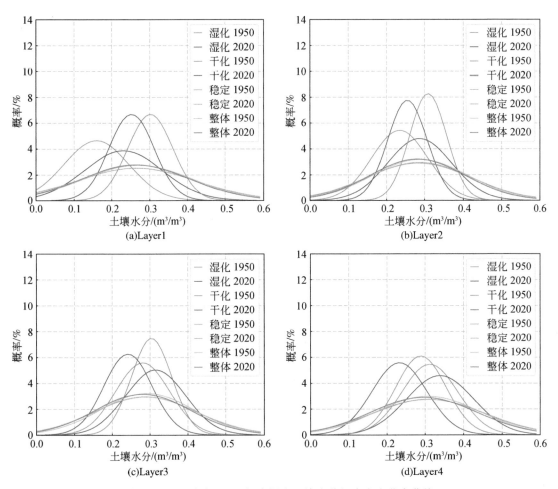

图4.6 1950年与2020年多深度土壤水分概率密度分布曲线

面,植被有利于水土保持、防止水分快速蒸发和抑制荒漠化。因此,土壤水分和植被之间存在紧密的双向反馈关系(Brockett et al.,2012)。本研究中利用土地覆被数据探索土壤水分变化与植被之间的关系。在实验过程中,首先,过滤掉城市/建成区土地和水体;然后,将14种原始土地覆盖类型重新分类为森林、灌丛、稀树草原、草原、农田、永久冰雪和贫瘠(表4.3)。

如表4.4所示,2001~2020年,不同土壤水分变化区域的土地覆盖变化趋势大相径庭。由于充足的土壤水分的滋养,湿润区域的草地百分比持续增加,表明昆仑山和天山地区越来越绿。有研究表明,北极地区的绿化与气候升温和冰雪融化密切相关(Myers-Smith et al.,2020)。然而,我们的调查发现,湿化区域温度稳定甚至略有下降,但充足的土壤水供应也足以引发绿化趋势,这可为分析植被对气候变化的响应提供新的线索。由于略有降温趋势,永久性冰雪

表 4.3 土地覆被重分类

原始土地覆被类型	重分类土地覆被类型
常绿阔叶林	林地
常绿针叶林	
落叶阔叶林	
落叶针叶林	
混交林	
郁闭灌丛	灌丛
稀疏灌丛	
多树草原	稀树草原
稀树草原	
草地	草地
耕地	耕地
耕地/自然植被混交	
永久冰雪	永久冰雪
裸地	裸地

总体上缓慢增加，裸地比例也相应降低。相比而言，干化区人口密集，人类活动是时间序列土地覆被格局演化的主要驱动力。干化区域主要包括华北平原、东北平原、三江平原和关中平原，这些平原是我国粮食作物小麦、玉米和经济作物花生、棉花的主产地。为了持续提升粮食产量，保障14亿人的粮食安全，该区域的荒地被逐渐开垦为耕地。同时，三北防护林项目启动，以改善生态环境、减少自然灾害和维持生存空间（Li et al., 2021a）。因此，林地和耕地面积均保持增长趋势，草地和裸地面积逐渐下降。在此基础上，土壤水分需求迅速上升，而人工灌溉只能暂时满足植物生长需求。因此，土壤水分下降可能是由水分需求和供应之间的持续失衡造成的。土壤水分稳定地区的耕地比例远低于干化地区，意味着灌溉用水需求量大大减少。2001~2020年，林地占比从11.07%上升到13.05%，植树造林可以直接导致蒸发的增加，导致包括土壤水分在内的水资源减少，其中，部分蒸发的水将通过水循环过程以降水的形式补充顺风区域的土壤，间接提升顺风区域的土壤水分（Hoek Van Dijke et al., 2022）。

表 4.4　2001、2005、2010、2015、2020 年土壤水分变化区域的各土地覆被类型占比

区域	年度	土地覆被百分比/%						
		林地	灌丛	稀树草原	草地	耕地	永久冰雪	裸地
湿化	2001	—	—	—	18.23	0.23	0.61	80.92
	2005	—	—	—	18.88	0.38	0.93	79.81
	2010	—	—	—	19.25	0.41	0.87	79.46
	2015	—	—	—	19.57	0.41	1.08	78.94
	2020	—	—	—	21.64	0.44	0.93	76.99
干化	2001	3.86	0.06	14.83	42.59	23.85	0.15	14.66
	2005	3.94	0.06	14.34	42.50	24.57	0.24	14.34
	2010	4.43	0.06	14.23	42.17	24.60	0.17	14.34
	2015	5.07	0.07	14.34	40.89	25.13	0.19	14.31
	2020	5.56	0.06	14.15	40.52	25.17	0.26	14.28
稳定	2001	11.07	0.03	21.54	26.72	12.11	0.19	28.35
	2005	11.18	0.03	21.47	26.86	12.35	0.22	27.90
	2010	11.84	0.03	21.33	26.83	12.22	0.21	27.54
	2015	12.65	0.05	20.67	26.66	12.36	0.21	27.40
	2020	13.05	0.06	19.97	26.96	12.66	0.26	27.04
整体	2001	8.23	0.04	18.49	31.79	15.66	0.19	25.59
	2005	8.32	0.04	18.28	31.87	16.07	0.26	25.16
	2010	8.90	0.04	18.15	31.76	15.99	0.22	24.93
	2015	9.62	0.06	17.78	31.22	16.26	0.23	24.82
	2020	10.04	0.05	17.28	31.37	16.46	0.29	24.51

4.3　归因分析

4.3.1　气候要素归因分析

除了土壤温度之外，本书研究还选取了降水、蒸发、植被指数作为与土壤水分密切相关的 3 个气候因子，以研究它们与土壤水分之间的相互作用关系。如图 4.7（a）所示，湿化区的降水空间演化呈上升趋势，干化区域降水呈现下降趋势。从时间角度来看，如图 4.8（a）~图 4.8(b) 所示，在夏季风的控

制下,降水上升和下降趋势都集中在夏季。在降水下降和植被需水量上升的共同作用下,土壤水分干化区与蒸发显著增加区域高度重叠。干化区域的蒸发呈现总体下降趋势。由图4.8(e)~图4.8(f)可知,蒸发的显著变化区间主要集中在植被生长季。过去70年中,中国东部地区经历了明显的绿化发展,该区域具有适宜植物生长的气候环境,且经历了持续的开垦荒地、植树造林等绿化工程。绿化趋势在春季和秋季尤为显著,分别是冬小麦和早稻的拔节期,以及玉米和晚稻的拔节期。与此同时,中国西部地区(主要位于天山和阿尔泰山)的植被也愈发繁茂,该区域的降水和土壤水分含量稳步增加。基于上述分析可知,土壤水分干化区伴随着土壤温度上升、蒸发上升、降水减少和植被指数上升,而土壤水分湿化区伴随着土壤温度下降、蒸发下降、降水增加和植被指数上升。

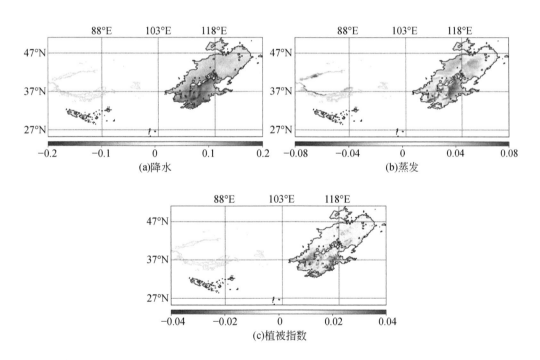

图4.7 降水、蒸发、植被指数空间演化趋势

注:其中降水和蒸发的单位是(mm/10a),干化和湿化区分别用黑色和黄绿色实线框出。

图4.9进一步描述了多深度土壤水分与气候因素之间的时空演化趋势相关性,以便直观地探索与发现它们之间的联系。在月尺度上,土壤水分与土壤温度的趋势总体上呈负相关。当土壤与大气存在温差时,热传递以水分为载体在

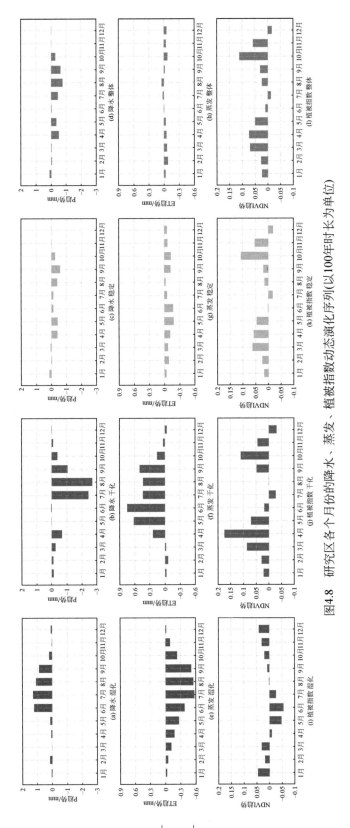

图4.8 研究区各个月份的降水、蒸发、植被指数动态演化序列(以100年时长为单位)

土壤圈和大气圈之间持续开展（Flanagan and Johnson，2005），热量传递速率取决于不同的大气条件和土壤成分。土壤水分蒸发是降低土壤温度的有效途径，土壤水分与土壤温度的负相关关系主要是由于温度升高时，水的黏度和表面张力下降所致。因此，在恒定水势下，温度越高，土壤含水量越低。在土壤水分与土壤温度正相关的区域，土壤水分与降水也几乎不存在显著的相关性。降水和灌溉是补充土壤水分的主要途径，降水在大部分区域与土壤水分呈现正相关关系，但由于上层土壤的截流作用，相关性程度随着深度的增加而不断下降。

蒸发与土壤水分的相关性同样随土层深度的增加而不断下降。如图4.9（a）~（d）所示，正相关程度主要位于干旱/半干旱/季风气候区的农田、草地和裸地区域。在负相关区域，水供应不足，在温度上升和蒸发量增加的双重驱动下，土壤水分加速流失。相比之下，正相关区域基本上分布在长江流域以及中国东北部，其主要的土地覆被类型是森林和草地。长江流域春季和夏季的长期降水可以充分滋养土壤和植被，导致土壤水分和蒸发同时增加。长江流域水资源丰富，提供了中国区域约50%的径流和40%的淡水资源（Duan et al.，2018；Xu et al.，2022b）。与土壤温度、降水和蒸发相比，植被指数与土壤水分之间的相关性较弱。在研究区中部和东南部呈负相关（$R \approx -0.3$），在研究区东北部、西北部、西南部呈正相关趋势（$R \approx 0.3$）。研究表明，鉴于土壤水分与植被之间存在复杂的相互作用，其线性相关系数较低。

鉴于线性相关分析的局限性，本书研究使用格兰杰因果关系分析进一步探索多层土壤水分与气候因素之间的关系。如图4.10（a）~（d）所示，随着深度的增加，多土壤水分和相应土壤温度之间的因果关系百分比逐渐增加。对于表层土壤水分来说，土壤温度能够显著驱动土壤水分的因果关联区域出现在研究区的西南和东北部，占14.7%；对于Layer 4来说，土壤温度能够显著驱动土壤水分的因果关联区域增长至42%，同时，互为因果关系的区域增长至42.67%，揭示了随深度加深而逐渐增强的水热协变关系。土壤温度对土壤水分的显著驱动百分比在Layer 2~Layer 4高于土壤水分对土壤温度的显著驱动百分比。在中高纬度地区，土壤温度被视为驱动土壤水分变化的主导因素（Li et al.，2021b；Niu and Yang，2006）。

降水作为土壤最具影响力和最直接的水源之一，与土壤水分存在显著的因果关系。降水与土壤水分的有效驱动区域在各深度土壤水分中均占据99%以

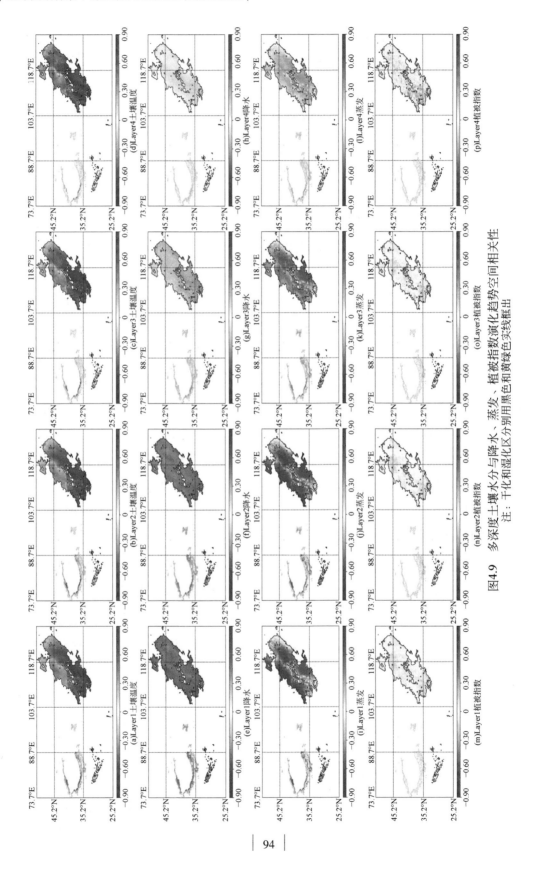

图4.9 多深度土壤水分与降水、蒸发、植被指数演化趋势空间相关性
注：干化和湿化区分别用黑色和黄绿色实线框出

上，而土壤水分对降水的反馈效应区域百分比在 Layer 1 ~ Layer 3 中随深度增加由 21.37% 上升至 49.32%。尽管土壤水分对降水的显著反馈区域远低于降水对土壤水分的显著反馈区域，但近年来许多研究致力于分析土壤水分对降水的影响。有研究基于 50 年的降水观测数据集在美国开展分析，首次发现由降水引发的土壤水分波动会对后续降水事件产生影响（Koster et al., 2003）。在此基础上，该团队持续进行深入研究，发现土壤水分异常变化对北方夏季降水有重要影响（Koster et al., 2004）。基于上述研究成果，有学者观察到陆面上普遍存在土壤水分对降水的正反馈效应，但是在干旱和湿润区出现了不可忽略的负反馈效应（Yang et al., 2018）。

本书研究采用总蒸发，包括地表的植被蒸腾和土壤蒸发，来分析土壤水分与蒸发之间的关系。结果表明，蒸发与地表土壤水分存在显著的双向因果关系。随着土壤深度增加，逐渐转变为蒸发对土壤水分的单向驱动作用。相比而言，蒸发对多深度土壤水分的有效影响区域保持稳定，但土壤水分对于蒸发的反馈效应随深度增加而逐渐下降，阐明了土壤水分-蒸发互馈过程中的垂向演化机制。近几十年来，诸多研究长期致力于土壤水分和蒸发的相互作用（Chanzy and Bruckler, 1993; Delworth and Manabe, 1988; Philip, 1957; Vargas Zeppetello et al., 2019），发现在干旱地区，蒸发受到土壤水分不足的限制而与土壤水分呈正相关关系；在湿润地区，蒸发受到辐射能量的限制而与土壤水分呈负相关关系。

如图 4.10（m）~（p）所示，由于植被状态容易受到很多气候和人为因素的影响，植被指数与土壤水分无显著因果关系区域在各深度土壤水分中均占 50% 以上。尽管如此，依然可以看出土壤水分对植被指数的有效驱动范围随深度增加而逐渐扩大。该趋势表明根区土壤水分对植被的影响远大于地表土壤水分、更适合于植被生长评估。对土壤水分敏感的区域主要分布在中国北部和南部。一方面，土壤水分亏缺是影响中国北方植被光合作用的主要限制因素；另一方面，持续降水导致的土壤水分过量可直接导致南方土壤通气性恶化和植被根系缺氧。此外，植被指数对土壤水分的有效作用区域位于中国南部，该区域森林广布，植被蓄水能力强大。

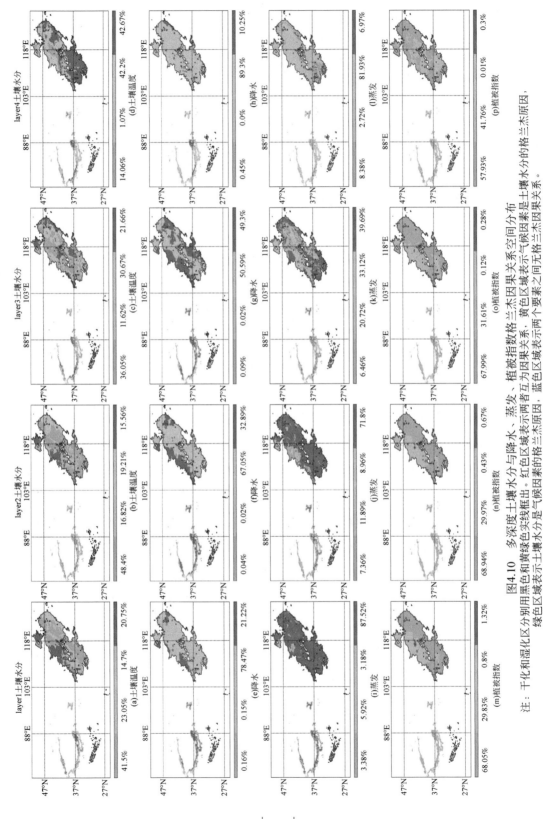

图4.10 多深度土壤水分与降水、蒸发、植被指数格兰杰因果关系空间分布

注：干化和湿化区分别用黑色和黄绿色实线框出。红色区域表示格兰杰原因，绿色区域表示土壤水分是气候因素的格兰杰原因，黄色区域表示两者互为因果关系，蓝色区域表示气候因素是土壤水分的格兰杰原因，灰色区域表示两个要素之间无格兰杰因果关系。

4.3.2 人为要素归因分析

在本节研究中，我们使用1971~2020年的家庭生活（DOM）、电力（ELEC）、灌溉（IRR）、牲畜（LIV）、手工业（MFG）和采矿业（MIN）的空间化取水量数据来分析土壤水分与人类用水因素之间的变化相关性。如图4.11所示，显著变化区域主要发生在人口稠密的东南部。随着一系列经济发展政策的颁布和技术的进步，工业持续繁荣，带来了MFG和MIN的快速发展，从而导致了水资源消耗量急剧上升。与此同时，行业部门快速增长，用电量持续攀升。在电力燃料提取加工和发电阶段均需要大量的水。火力发电是我国主流的发电方式，也是最耗水的发电方式之一。据调查，电力行业用水目前占中国总取水量的近12%（Gao et al., 2018）。此外，持续的人口增长（1971年为0.85亿，2010年为13.4亿）以及城市化进程（1971~2010年城市化率从17.26%激增至49.95%）使得DOM取水量飞速增长。具体说来，增长趋势明显集中在大型城市群，如京津冀城市群、长江三角洲城市群、粤港澳大湾区城市群、长江中游城市群和成渝城市群。相比之下，农业用水表现出不同的发展格局。农业是我国水资源消耗量最大的产业，在2010年占全国总用水量的61.26%。1971~2020年，华北平原的IRR取水量呈显著下降趋势，华南地区略有上升。此外，已有研究表明，中国东部和北部地区的IRR水利用效率（定义为作物真正利用的IRR水资源比例）高于西部和南部（Li et al., 2020b）；山东地区的IRR水利用效率最高，这与图4.11（c）中的IRR取水量在东部地区呈现下降趋势基本一致。同时，东部地区的LIV取水量呈现增长趋势。

与气候因素一样，人类活动用水的月尺度变化趋势（图4.12）根据季节节律呈现出规律的演变模式。众所周知，炎热的天气条件下对淋浴和空调的需求持续上涨，导致DOM和ELEC增加趋势的峰值也出现在夏季（6月至8月）。IRR的主要下降趋势出现在5月和6月，该趋势在干化区域尤为显著。每年5月是小麦灌浆的关键时期，充足的水分供应可以提高结实率、穗粒数和小麦蛋白质含量。每年6月是夏玉米播种后灌溉的关键时期，也是确保良好出苗率的重要时段。相比之下，LIV、MFG和MIN对季相节律周期不敏感，因此

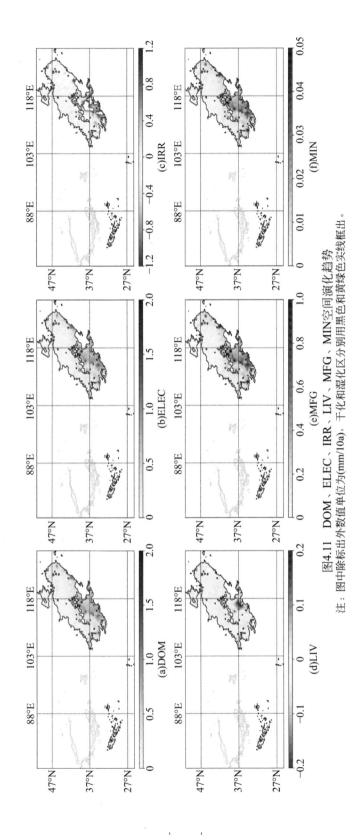

图4.11 DOM、ELEC、IRR、LIV、MFG、MIN空间演化趋势

注：图中除标出外数值单位为(mm/10a)，干化和湿化区分别用黑色和黄绿色实线框出。

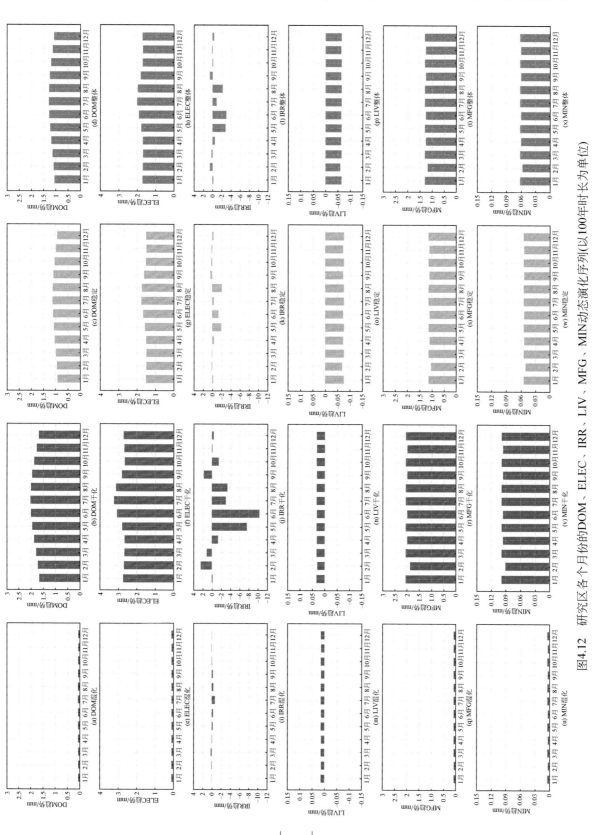

图 4.12 研究区各个月份的 DOM、ELEC、IRR、LIV、MFG、MIN 动态演化序列(以 100 年时长为单位)

年内波动变化趋势较小。

如图4.13所示，通过计算干化区和湿化区1971~2010年人类活动取水量与土壤水分的空间相关系数，绘制其相关性的空间分布格局，以探索其潜在联系。人类活动取水的水源主要包括浅层地下水和地表水（如河流、湖泊、水库等）。生活用水和工业用水，包括DOM、MFG和MIN，显示出大致相仿的空间特征。随着土壤深度的增加，相关系数的绝对值随之增加，这意味着深层土壤水分比表层土壤水分更容易受到人类活动取水的影响。此外，在中部和东部地区存在显著的负相关性，根系发达、需水量大的植被在这些区域更容易感受到人类活动取水增加带来的土壤水分干化影响。相比而言，人类活动取水与土壤水分的空间正相关区域主要分布在西部和内陆地区。尽管这些地区以丰富的冰川资源而闻名，但可用淡水资源受到降水和温度等气候因素的严重限制。因此，水资源消耗量受到可用水量的影响和控制。

在农业用水方面，随着土壤深度的增加，土壤水分与IRR趋势相关性逐渐下降。IRR旨在补充土壤水分，满足农田植物生长阶段的水分需要。土壤越干燥，则水分补给需求越大，IRR相应越高。最显著的负相关性出现在陆地表层，在垂直方向的土壤层截流作用下，相关性逐渐降低。土壤水分与LIV的趋势相关性随着深度的增加而增加，与土壤水分与工业和家庭生活取水的相关模式相似。土壤水分与LIV的正相关区域广泛分布在中国南部、西部和东北部中部，而负相关区域集中在内蒙古和东北部。

由于仅通过相关性分析很难确定人类活动取水与土壤水分之间的相互作用，因此接下来应用格兰杰因果关系分析进行进一步研究。如图4.14所示，家庭生活和工业取水（包括DOM、ELEC、MFG和MIN）与Layer 1~Layer 3土壤水分的因果关联区域在研究区各地呈现分散和不规则的分布。对于Layer 4来说，工业用水表现为南方地区驱动土壤水分变化的格兰杰原因。土壤水分在东南沿海地区表现为IRR的格兰杰原因，该区域属于典型的亚热带季风气候，降水充沛，河流众多，水资源丰富。在湿热漫长的夏季，土壤水分含量高，有效降低IRR需求。相比之下，在降水普遍缺乏的北方地区，IRR是缓解土壤水分赤字和满足作物生长阶段水分需求的最有效的途径。LIV被视为土壤水分格兰杰原因的区域随土层深度增加逐渐由东北向南迁移。

总体而言，基于格兰杰因果关系分析发现人类活动取水与土壤水分之间存

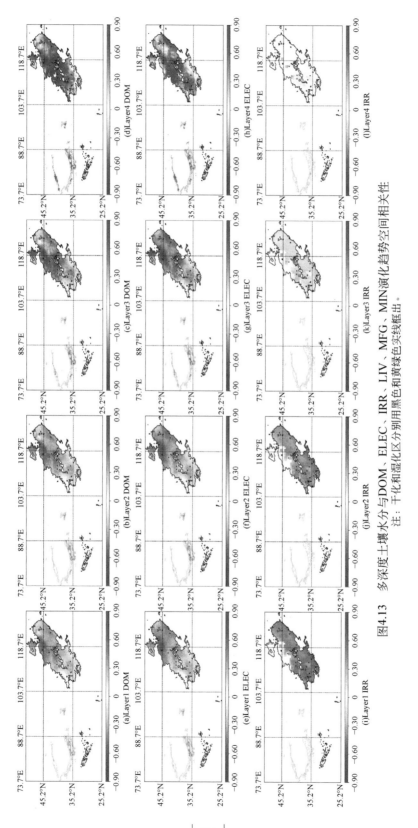

图4.13 多深度土壤水分与DOM、ELEC、IRR、LIV、MFG、MIN演化趋势空间相关性

注：干化和湿化区分别用黑色和黄绿色实线框出。

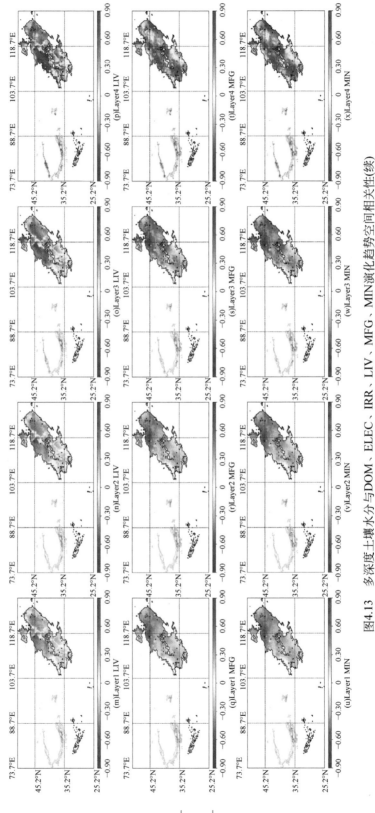

图4.13 多深度土壤水分与DOM、ELEC、IRR、LIV、MFG、MIN演化趋势空间相关性(续)

注：干化和湿化区分别用黑色和黄绿色实线框出。

第 4 章 | 中国部分区域土壤水分时空演化格局

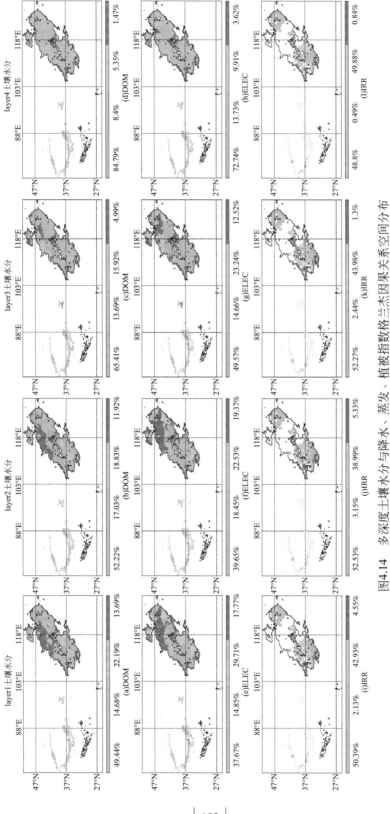

图4.14 多深度土壤水分与降水、蒸发、植被指数格兰杰因果关系空间分布

注：干化和湿化区分别用黑色和黄绿色实线框出。红色区域表示两者互为因果关系，黄色区域表示气候因素是土壤水分的格兰杰原因，绿色区域表示土壤水分是气候因素的格兰杰原因，蓝色区域表示两个要素之间无格兰杰因果关系。

103

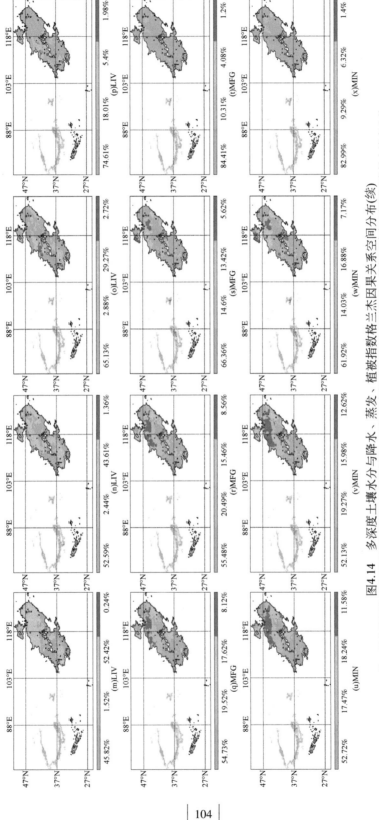

图4.14 多深度土壤水分与降水、蒸发、植被指数的格兰杰因果关系空间分布(续)

注：干化和湿化区分别用黑色和黄绿色实线框出。红色区域表示两者互为因果关系，黄色区域表示土壤水分的格兰杰原因，绿色区域表示土壤水分是气候因素的格兰杰原因，蓝色区域表示两个要素之间无格兰杰因果关系。

在千丝万缕的互反馈关系，但它们之间的联系弱于气候要素与土壤水分之间的耦合关系。这主要是由于人为取水直接作用于地表水体和浅层地下水，继而对土壤水分产生简介影响；但气候要素可以通过控制水分的供应和消耗来直接和显著地影响土壤水分。

4.4 本章小结

土壤水分作为表征农业干旱最重要的指标之一，直接影响土壤的物理化学质量和植被生长，进而显著影响粮食作物产量。鉴于土壤水分在确保粮食安全方面的战略地位和不可替代性，在全球变暖趋势下综合分析中国部分区域的土壤水分时空演化格局具有重要科学意义。本章全面分析了1950~2020年的多深度土壤水分波动趋势，探明了土壤水分的不平衡变化特征，重点分析了土壤水分干化区和湿化区的演化状态。同时，探讨了土壤水分时空动态序列与气候和人为因素之间的相关性和因果关系，旨在阐明导致土壤水分变化的关键驱动因素，并阐述了驱动机制。此外，还分析了土壤水分对这些因素的反馈作用，以促进对其相互作用机制的理解。

土壤水分干化区域在中国大部分地区普遍存在，特别是在华北平原和东北地区中部，尤为显著。2001~2020年，干化区域在三北防护林项目和荒地开垦的作用下，森林和农田的面积稳步扩大。这两个地区是主要的粮食产区，人类活动频繁。与原始稀树草原、草地和裸地等土地覆盖类型相比，林地和耕地的需水量更大。同时，可以清楚地观察到这些区域的降水下降和温度上升趋势。温度升高导致蒸气压亏缺和蒸发需求进一步提升、致使蒸发量增加。就人为因素而言，由于经济的快速发展，家庭、农业和工业用水保持增长。因此，在日益严重的水分补充不足和日益增长的多源用水需求的共同作用下，土壤水分持续下降。此外，我们还发现深层土壤比表层土壤表现出更快的干旱速率。有研究调查分析了1992~2012年中国各地农业站点的相对土壤水分演化趋势（Zhu et al., 2022），研究发现，受气候和农业管理活动的双重驱动，相对土壤水分在温带大陆气候区呈现出长期下降趋势。具体而言，土壤水分在作物生长季节显著下降（Liu et al., 2015）。化肥的施用和高耗水作物（如玉米）的可以分别导致蒸发升高和土壤干化。此外，气候变暖和生长季节延长导致的未来植被蒸腾增加，将在2015~2100年持续加剧中国半干旱和半湿润地区的土壤水分下降（Li et al., 2022）。

有关部门逐渐意识到土壤水分的持续下降情况，并采取一系列措施努力缓解土壤水分不足问题。随着技术进步和节水意识的增强，国内灌溉用水系数不断提高（Li et al., 2020b）。"绿色粮食计划"于1999年启动，致力于将坡耕地转化为森林并预防土壤侵蚀（Feng et al., 2005），该计划为增加森林覆盖率和生态系统恢复做出了不可替代的重要贡献。然而，与原有的农田或草原/稀树草原相比，根系繁茂的树木可能加剧深层土壤水分下降，并加剧干燥趋势（Yang et al., 2022）。研究表明，在中国干旱和半干旱地区，植树造林可能会消耗更多的水，而土壤含水量是非常稀缺的重要资源（Cao et al., 2018）。倘若能够种植耐旱树种，未来生态系统和土壤水分变化趋势都将得到改善。此外，从长远来看，有必要评估这些已经采取的措施的可持续性和有效性。先前的研究表明，到2030年，印度的农业生产可以通过当地的灌溉策略来保证可持续发展。然而，灌溉策略调整将不足以补偿到2080年气候变暖趋势带来的严重影响，除非全球气候变化减缓或植被适应了气候演变（Droppers et al., 2022）。

研究过程中存在些许不确定因素，可能会对结果造成一定程度的影响。首先，除了上述气候和人为因素外，还有许多其他因素，如大气层河流（Liang et al., 2022）、融雪（Bales et al., 2011）和输水工程（Liu and Zheng, 2002），这些因素均与土壤水分动态变化密切相关，但难以对其量化表达。其次，大量的气候和人为因素共同促成了土壤水分的波动，进一步提高了土壤水分演化模式的复杂性。此外，近一个世纪以来，人们致力于研发土壤水分拟合模型（Richards, 1931）。其中，ERA5-Land模型得益于数十年来在物理模型、核心动力学和数据同化方面的发展研发而成，被公认为提供了最先进的全球陆面要素再分析数据集。然而，在人类活动日益加剧的背景下，应对人类活动对地表过程的干扰效应在模型中进行量化加强。由于研究中使用的多深度土壤水分和气候要素数据主要来自ERA5-Land，因此这些产品之间不可避免地存在内在相关性和系统偏差。

第5章 青藏高原土壤水分时空演化格局

5.1 研究区概况

如图5.1（a）所示，青藏高原位于亚洲内陆，是"世界屋脊"，全球海拔最高的高原（Gasse et al., 1991；Wang et al., 2021a）。青藏高原面积约为 $2.5 \times 10^6 \text{km}^2$，东西横跨2800km，南北纵贯300～1500km，位于北纬26°00′～39°47′、东经73°19′～104°47′范围内。区域内地势西高东低，海拔从数十米陡增至8000米以上，地形起伏大、陡峭复杂。如图5.2（b）所示，青藏高原东南缘为热带湿润/半湿润气候，其他广袤的地区则为半湿润、半干旱和干旱气候。相应地，青藏高原东南缘主要被森林及湿润土壤覆盖，其他区域主要土地覆被类为高山草甸、高山灌丛和荒漠草甸，且土壤水分含量相对适中。此外，青藏高原北部分布着北半球中纬度面积最大的沙漠群，伴随着高反照率、低土

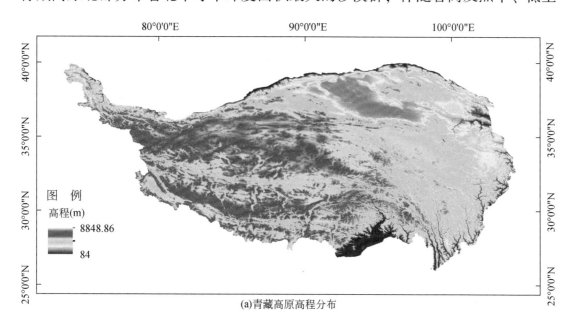

(a)青藏高原高程分布

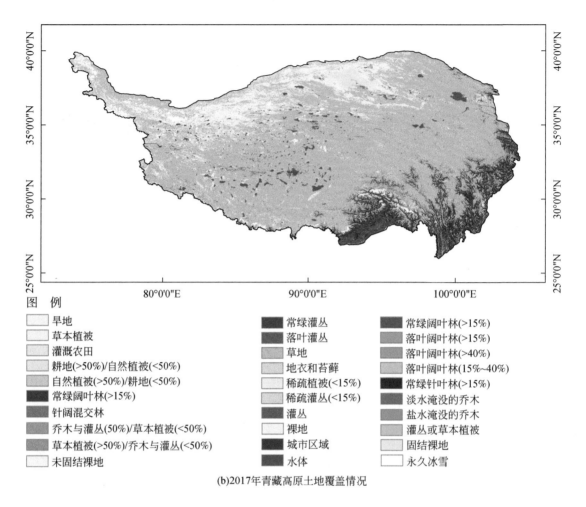

(b)2017年青藏高原土地覆盖情况

图 5.1 研究区高程和土地覆被

注：高程数据来源于 Shuttle Radar Topography Mission（SRTM），关于 SRTM 的详情，敬请参阅 Farr et al., 2007。土地覆被数据来源于欧空局气候变化要素土地覆被项目（https://www.esa-landcover-cci.org/），关于该数据产品的详情，敬请参阅 Bontemps et al., 2013。

壤热容和低含水量，是地球系统中重要的显性热源。

5.2 时空动态变化趋势特征

5.2.1 时空视角下的多深度趋势分布格局分析

如图 5.2 所示，青藏高原土壤水分随土壤深度加深而逐渐增加。土壤水分低值区主要位于青藏高原北部和西部。北部干旱地区是柴达木盆地,主要被沙漠占据;西部地区属于大陆高寒气候,降水稀少。相比之下,由于受到季风气候影响,青藏高原南部和东部相对湿润。就时间序列而言,如图5.2右列盒须图(Mirzargar et al., 2014)所示,土壤水分表现出温和的季节性节律周期。此外,值得注意的是,随着土壤深度的增加,土壤水分的季相节律演化出现显著时滞性,土壤水分最大值出现的时间从6月逐渐推迟至8月。同样,土壤温度最大值也表现出延迟,土壤温度表现出显著的、与气候节律一致的年际时间序列演变特征[图5.3(e)~(h)]。土壤温度的空间分布也与气候特征具有良好的耦合性。结合图5.2、图5.3可知,虽然温度是表征下垫面水热交换强度的关键指标,但是温度很难对土壤含水量起决定性调控作用。例如,青藏高原北部平均土壤温度可达10℃~15℃,西部低至-15℃至-20℃,尽管温差很大,但土壤水分表现出基本一致的低值水平。相比之下,青藏高原南缘土壤相对湿

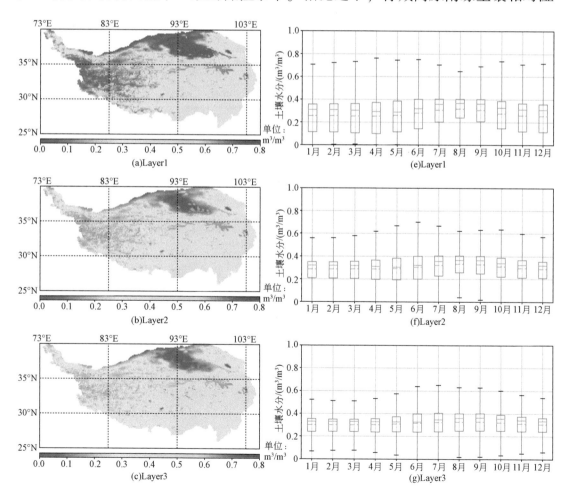

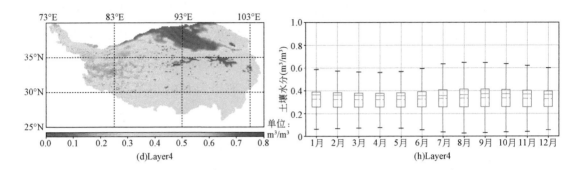

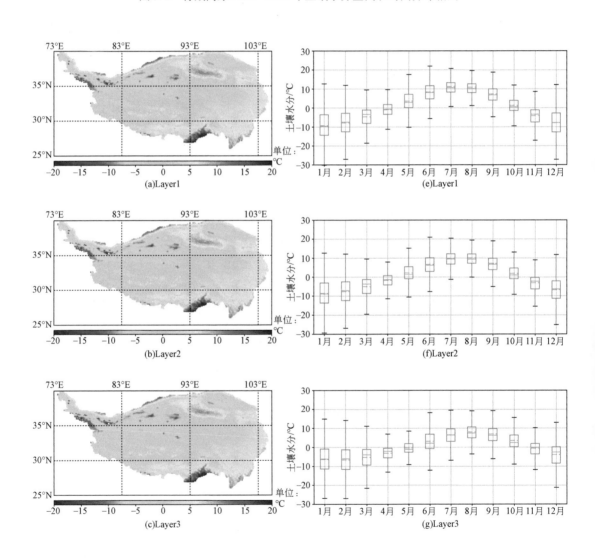

图 5.2　青藏高原 1950～2020 年土壤水分空间和时间分布格局

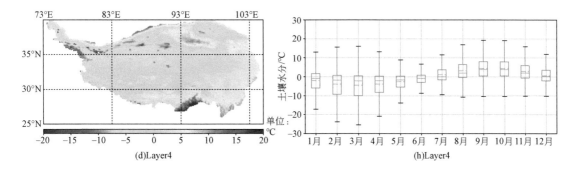

图 5.3 青藏高原 1950～2020 年土壤温度空间和时间分布格局

润，土壤年平均温度稳定在 10～20℃。

图 5.4 刻画了青藏高原 1950 年 1 月至 2020 年 12 月多深度土壤水分演变趋势的空间格局，图 5.5 是青藏高原 1950 年 1 月至 2020 年 12 月多深度土壤温度演变趋势的空间格局。青藏高原 80% 以上区域（主要分布在中部和东部）的土壤水分呈现稳定状态，稳定状态土壤水分占比随土壤深度增加而缓慢增加，表明深层土壤水分的趋稳特征。观察图 5.6 可知，土壤水分的波动程度随土壤深度增加（Layer 1～Layer 4）而下降，进一步阐明深层土壤水分的稳定性。土壤湿化区域随土壤深度增加而降低，Layer 1 中尚有 12.93% 的区域呈现湿化状态，Layer 4 仅有 5.33% 的区域呈现湿化状态。湿化区域主要位于青藏高原西北缘，属于昆仑山脉西侧，平均海拔为 5500m，该地区冰川覆盖面积超过 3000km²，是中国最大的冰川区之一（Yang et al., 1996）。该区冰雪融水形成了长江、黄河、湄公河的源头。干化区域零散分布在青藏高原西南部地区，随土壤深度增加（Layer 1～Layer 3）干化趋势有所缓解。总的来说，在过去 70 年中，青藏高原 0～100cm 深处的土壤水分呈现出轻微的湿润趋势，100～289cm 深处的土壤水分呈现出轻微的干燥趋势。

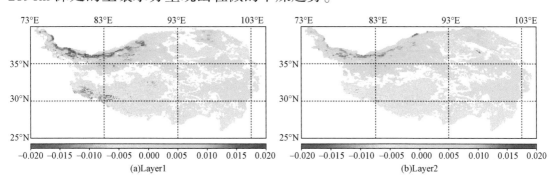

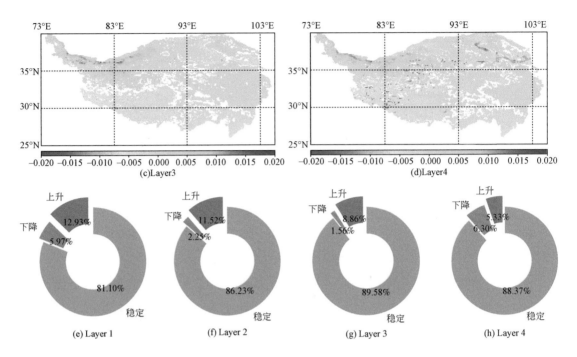

图 5.4　青藏高原多深度土壤水分演变趋势空间格局

注：(a)~(d) 为土壤水分多深度空间演化趋势格局，单位：m³/m³，未通过 95% 显著性检验的区域标记为空值；(e)~(h) 是与 (a)~(d) 对应的取值百分比统计情况，>0.005m³/m³ 的栅格标记为上升（蓝色），<-0.005m³/m³ 的栅格标记为下降（橙色），[-0.005, 0.005] m³/m³ 范围的栅格标记为稳定（绿色）。

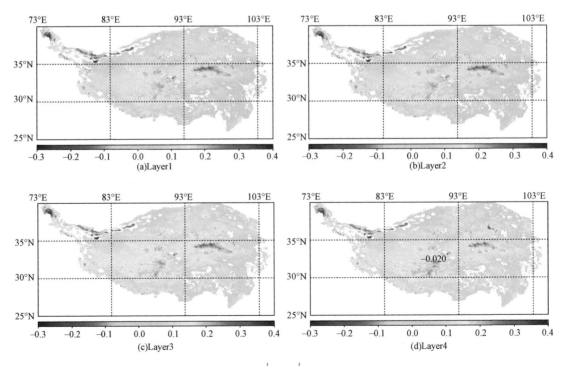

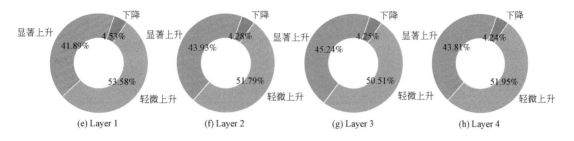

图 5.5 青藏高原多深度土壤温度演变趋势空间格局

注：(a)~(d) 为土壤温度多深度空间演化趋势格局，单位：℃，未通过95%显著性检验的区域标记为空值；(e)~(h) 是与 (a)~(d) 对应的取值百分比统计情况，>0.1℃的栅格标记为显著上升（橙色），<0℃的栅格标记为下降（蓝色），[0, 0.1]℃范围的栅格标记为轻微上升（绿色）。

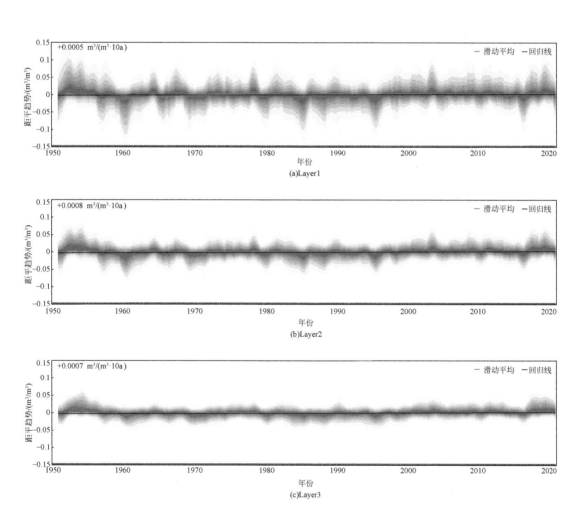

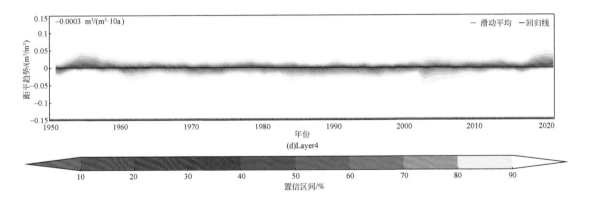

图 5.6 青藏高原 1950～2020 年土壤水分多深度时间序列距平趋势

在全球变暖的背景下，青藏高原全域表现为不同程度的土壤升温趋势。土壤升温趋势出现在青藏高原 95% 以上的地区，其中近一半地区的温度每十年显著升高 0.1℃ 以上。随着土壤深度的增加，土壤温度波动程度呈现出减弱趋势（图 5.7）。青藏高原的西北缘，即喀喇昆仑山地区，经历了一个稳定的土壤温度冷却过程，可能是由夏季平均气温下降引起（Azam et al.，2018；Cogley，2011；Gardelle et al.，2012）。该反常现象表明喀喇昆仑山对全球气候变化的低敏感性。由于在全球变暖背景下青藏高原土壤水分呈现总体稳定局部湿化的趋势，因此可知，必然有大量的水分补充以有效地滋养土层。因此，需要进一步分析显著湿化和干化区域的土壤水分及其相关气候参数的演变特征。

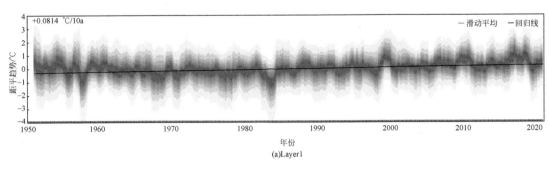

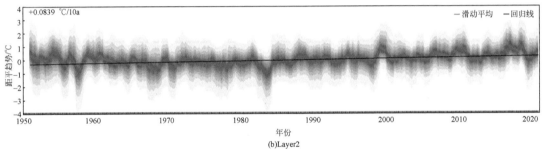

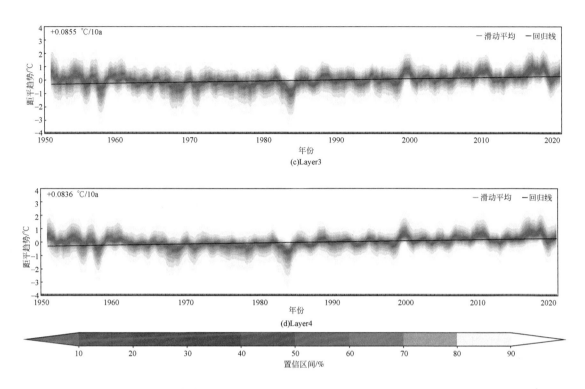

图 5.7 青藏高原 1950~2020 年土壤温度多深度时间序列距平趋势

5.2.2 显著湿化/干化区域时间序列分析

本节进一步研究了土壤水分显著增加/减少趋势的地区的时间动态特征，以进一步加深我们对土壤水分变化规律和机制的理解。土壤水分过高或过低都会对植被造成负面影响，土壤水分亏缺导致的水分胁迫直接影响植被生长和作物产量；过量的土壤水分会导致缺氧，从而引发根腐病甚至植被死亡。图 5.8、图 5.9 分别提取展示了湿化区 [$>0.005\text{m}^3/(\text{m}^3 \cdot 10\text{a})$] 和干化区 [$<-0.005\text{m}^3/(\text{m}^3 \cdot 10\text{a})$] 的土壤水分及其相关气候要素的时序演化过程。

湿化区和干化区均表现出随土壤深度加深波动程度下降的趋势，与上述青藏高原整体区域表现出的垂向波动趋势一致。然而，就土壤温度而言，垂直方向上减弱的波动变化趋势相对不明显。可以清楚地观察到，地表土壤水分 [图 5.8（a）、图 5.9（a）] 和降水 [图 5.8（c）、图 5.9（c）] 之间表现出高度一致的时间序列耦合趋势特征，表明降水是土壤水分演化的主要驱动力之

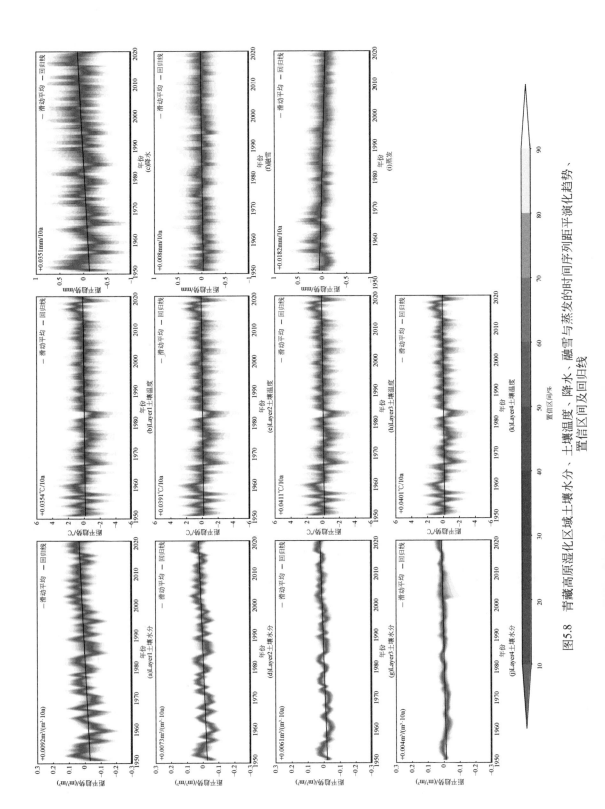

图5.8 青藏高原湿化区域土壤水分、土壤温度、降水、融雪与蒸发的时间序列距平演化趋势、置信区间及回归线

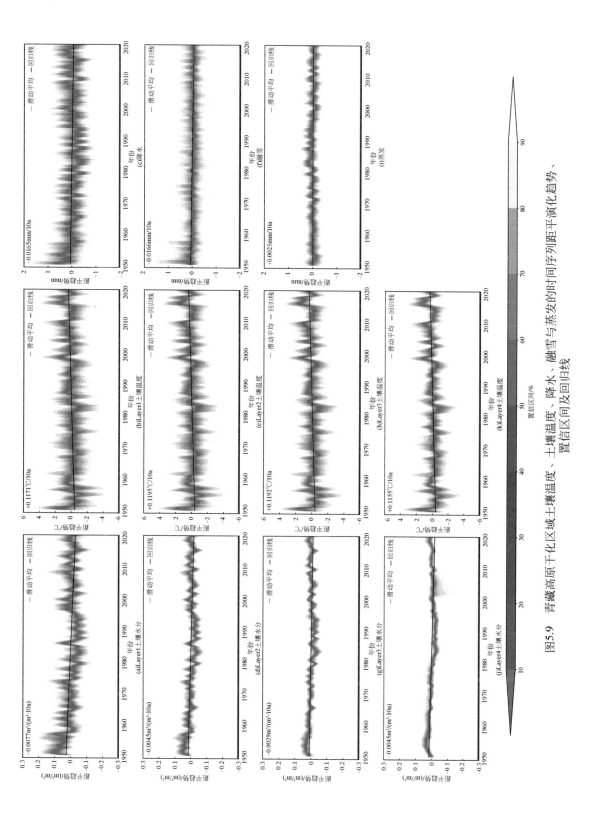

图5.9 青藏高原干化区域土壤温度、土壤湿度、降水、融雪与蒸发的时间序列距平演化趋势、置信区间及回归线

一。相比之下，融雪与气温和固态降水息息相关，但并未与土壤水分呈现高度的一致性演化趋势。

由图5.8可知，随着降水量和融雪量的增加，垂直方向上土壤水分的增加趋势随深度增加而逐步放缓，从 $0.0092 \text{m}^3/(\text{m}^3 \cdot 10\text{a})$ 降至 $0.004 \text{m}^3/(\text{m}^3 \cdot 10\text{a})$。湿化趋势垂向趋缓现象间接表明该区域水源补给主要源于由大气降落至地表的水分，水分在土壤分子力、重力和毛细力的共同作用下，一层一层地向下迁移，以补充每个土壤层的含水量，并在土壤截流作用下伴有一定的传导损失（Sokol et al., 2009）。如图5.9所示，干化区域出现约 $0.12℃/10\text{a}$ 的显著土壤升温趋势，同时，该区域降水量和融雪量呈现几乎相同的下降趋势，下降 $0.017 \text{mm}/10\text{a}$。在土壤升温和水分补给缺乏的共同作用下，土壤水分持续下降。

5.3 归因分析

5.3.1 相关性分析

鉴于青藏高原土壤水分与气候要素之间千丝万缕、错综复杂的耦合关系，需要在前序章节基础上继续探讨其潜在的因果关系，促进对土壤水分变化机制的理解。首先，通过绘制密度散点图，以直观的方式展现青藏高原过去70年间土壤水分与气候要素的相关性。如图5.10所示，各Layer土壤水分与气候要素的相关性趋同，表明土壤水分与气候要素的耦合关系不会随土壤深度的改变而改变。令人惊讶的是，青藏高原土壤温度和土壤水分之间的散点分布相关性较弱，意味着土壤温度难以成为触发土壤水分变化的主导驱动力。在水分补充方面，如图5.10（e）~（l）所示，降水和融雪对土壤水分表现为显著的促进作用。此外，纵观散点密度分布情况，发现土壤水分存在 $[0.35, 0.40]$ m^3/m^3

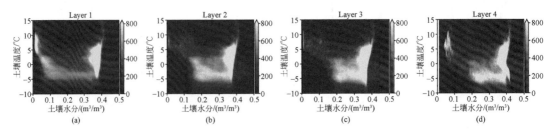

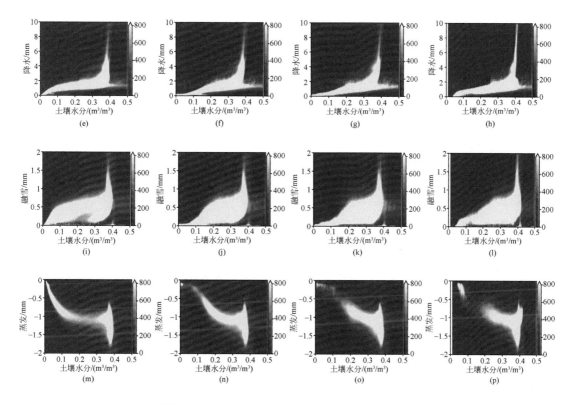

图 5.10 多深度土壤水分与土壤温度、降水、融雪、蒸发的散点密度图

阈值区间,当土壤水分达到该阈值时接近饱和状态,即使降水和融雪继续增加,土壤水分也难以继续增加。土壤水分与蒸发(因蒸发量为负值,故实际为凝结)之间存在明显的正相关,但当达到阈值时,蒸发量的持续变化不再会对土壤水分产生实质性影响。该阈值称为饱和含水量,指的是当毛细孔隙和非毛细孔隙都充满水时的含水量,并表示土壤的最大持水量(Schmugge et al., 1980; Vauclin et al., 1979)。此外,随着土壤深度从 0 增加到 289cm,饱和含水量呈现出明显的垂直分布特征,从 $0.35 \text{m}^3/\text{m}^3$ 逐渐增加到 $0.40 \text{m}^3/\text{m}^3$。

5.3.2 格兰杰因果关系分析

在散点密度相关分析的基础上进行格兰杰因果关系分析,揭示青藏高原土壤水分与气候要素之间的潜在因果关系。如图 5.11(a)~(d)所示,青藏高原大部分区域中土壤温度与土壤水分之间不存在显著格兰杰因果关系,再次表明该区域土壤温度与土壤水分之间的较弱耦合协变效应。此外，存在格兰杰因果关系的区域在不同土层之间具有随机空间分布异质性。值得关注的是，随着土壤深度逐渐增加，土壤温度成为土壤水分格兰杰原因的面积占比从15.68%逐渐攀升至44.80%，这一现象表明土壤温度对深层土壤水分变化的影响比对地表土壤水分的影响更为显著。已有研究表明，土壤含水量增加可以有效缩小白天和夜间的土壤温度差距，同时增加储热能力（Al-Kayssi et al.，1990）。然而，在格兰杰因果关系分析中，各深度月尺度土壤水分对土壤温度的影响均十分有限。

如图5.11（e）~（h）所示，就降水而言，青藏高原大部分区域降水均被认为是所有深度的土壤水分的格兰杰原因，进一步证实降水对土壤水分的主导促进作用。多深度土壤水分与降水之间互为格兰杰原因的区域也普遍存在，为证实月尺度上土壤水分对降水的反馈作用提供了有力佐证。这种反馈作用主要出现在0~100cm深度处的土壤水分中，100~289cm深度处的土壤水分对降水的反馈作用十分微弱。受青藏高原区域主导的高原气候特征影响，一年之中冰冻季节十分漫长，因此，当温度持续在0℃以下时，降水以雪的形式出现，难以补给土壤含水量。然而，当气温回升时，融雪是一种不可忽视的水分补给源，在补充土壤水分方面潜力巨大。当前十分缺乏融雪对土壤水分影响的系统研究，故而本书研究基于格兰杰因果关系对融雪与土壤水分开展分析，有助于揭示两者之间的互反馈作用。在气温上升至0℃以上时，积雪陆续融化，融雪以液态水形式补给土壤水。如图5.11（i）~（l）所示，融雪对土壤水分的补给作用随土壤深度增加而增加，融雪对土壤水分的影响具有显著性统计意义，是导致土壤水分变化的格兰杰原因。随着土壤深度增加，青藏高原融雪对土壤水分有效驱动的区域占比从70.02%升至84.80%。蒸发是土壤水分流失的重要途径，与各层土壤水分均互为格兰杰因果关系，揭示了两者之间的密切互反馈作用，这一发现与已有研究结果一致（Krakauer et al.，2010；Vargas Zeppetello et al.，2019）。随着土壤深度增加，双向因果关系逐渐转变为单向因果关系，蒸发对0~289cm深度的土壤水分均有显著的影响力，而土壤水分对蒸发的反馈作用随着土层加深明显弱化。

| 第5章 | 青藏高原土壤水分时空演化格局

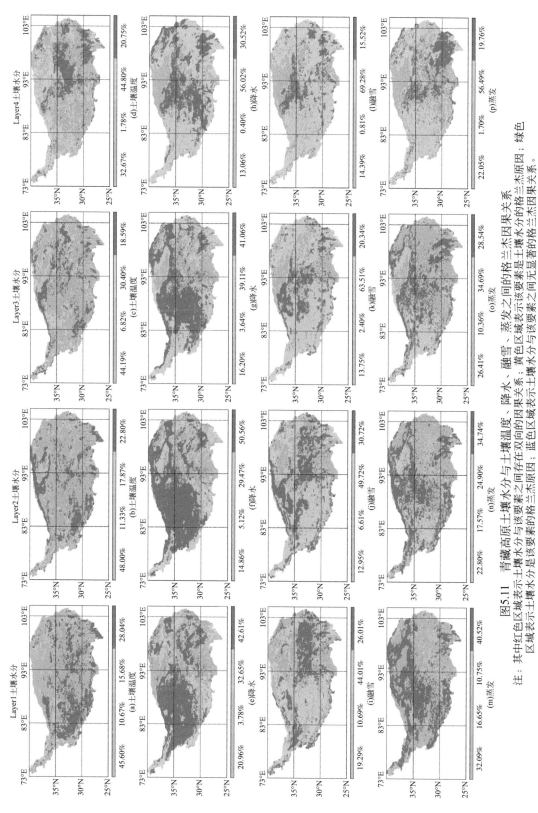

图5.11 青藏高原土壤水分与土壤温度、降水、融雪、蒸发之间的格兰杰因果关系

注：其中红色区域表示土壤水分与该要素之间存在双向的格兰杰因果原因；黄色区域表示该要素是土壤水分的格兰杰原因；绿色区域表示土壤水分是该要素的格兰杰原因；蓝色区域表示土壤水分与该要素之间无显著的格兰杰因果关系。

5.4 本章小结

土壤水分作为重要的地表水文要素，是诸多水文水循环过程的积极参与者和响应器（Deng et al.，2020b；Dobriyal et al.，2012；Peng et al.，2017）。土壤水分的时空分布特征和动态演化趋势是指示区域气候变化的灵敏指标（Deng et al.，2020a；Seneviratne et al.，2010；Zhang et al.，2019b）。青藏高原在北半球气候变化中起着至关重要的作用，探索青藏高原全域的土壤水分演化机制对于理解北半球气候变化具有关键促进意义。因此，本章从时间、经度、纬度、高程四维视角出发，系统全面地分析了1950~2020年土壤水分的分布格局及演化趋势。研究使用的土壤水分及其相关气候变量数据主要源于ERA5-Land，这些产品自发布以来已得到广泛评估和应用（Hersbach et al.，2020；Muñoz-Sabater et al.，2021；Wu et al.，2021；Xu et al.，2022a）。

研究表明，在气候变暖趋势背景下，青藏高原土壤水分的时空序列大致保持稳定，这意味着有充足的水分可以持续补充滋养土壤。前人研究结果表明，青藏高原土壤水分与降水演化趋势存在正相关关系，表明土壤水分的演化可能主要由降水主导。有研究分析了青藏高原三江源地区土壤水分对区域气候变化的响应，发现在大部分研究区均存在土壤水分与降水的显著正相关关系（Deng et al.，2020a）。有研究分析了青藏高原地区遥感地表土壤水分的空间分布和动态变化，发现土壤水分的时空演变模式与降水之间存在良好的相关性。此外，随着土壤深度的增加，土壤水分和土壤温度的波动幅度明显下降，表明深层土壤对地表气象要素扰动的不敏感性（Liu et al.，2013）。有研究以法国为案例研究区，揭示了地表土壤水分指标与根区层的土壤水分指标耦合度良好（Albergel et al.，2008）。此外，有研究基于法国区域地表土壤水分与根区土壤水分的变率，发现气象要素驱动下的地表土壤水分波动性以及根区土壤水分的稳定性（Paris Anguela et al.，2008）。还有研究通过评估1982~2019年蒙古高原土壤水分的时空变异性，发现深层土壤水分的年际波动正在逐渐下降（Meng et al.，2022）。

通过空间统计分布可知，到显著湿化区域主要集中在青藏高原西北缘，而干化区域在整个青藏高原上零散分布。湿化区域伴随着降水、融雪、温度和蒸发的显著增加；干化地区的特点是明显变暖，降水、融雪和蒸发略有减少。具体来说，湿化区域位于喀喇昆仑山脉，其冰川质量略有增加，温度稳步下降（Azam et al.，2018；Cogley，2011；Gardelle et al.，2012）。前人研究表明，受全球温度升高的驱动，2003~2009年全球土地蒸散量增加了10%，降水量越来越多地被归为蒸散量而非径流（Pascolini-Campbell et al.，2021）。土壤水分含量是限制土地蒸散速率的主导因素（Jung et al.，2010）。有研究分析了1979~2017年全球地表土壤水分的变化趋势，发现温度和降水是导致青藏高原区域土壤水分变化的两个主要因素。（Deng et al.，2020b）。此外，在热带和温带气候区，地表土壤水分和降水量之间有相当好的一致性（Wagner et al.，2003）。然而，尽管降水是土壤水分变化的主要驱动因素，但由于受到蒸发、土壤类型、辐射、植被和地形的综合影响，降水对土壤水分的影响程度可能截然不同。（Dorigo et al.，2012）。除了陆地气候参数外，海洋也会对土壤水分产生深远影响，土壤水分演化模式与海面温度密切相关（Sheffield and Wood，2006）。

　　本章通过相关性和格兰杰分析，研究了多层土壤水分与气候变量之间的可能存在的因果关系。研究发现，降水和融雪是驱动土壤水分变化趋势的主要因素，土壤温度对土壤水分的影响次之，土壤水分也对上述变量具有显著反馈作用。在全球变暖背景下，受到南亚季风的驱动，青藏高原降水量持续增加（Wang et al.，2021a）。地表土壤水分对降水反馈效应在全球干化和湿化区域的研究中是十分关键的研究环节（Yang et al.，2018）。根据一项对美国各地土壤水分-降水反馈的调查，正反馈通常出现在干旱地区，而相对潮湿的地区土壤水分对降水则倾向于表示为负反馈（Tuttle and Salvucci，2016）。除不同研究区导致的反馈效应差异之外，不同分辨率尺度的反馈也有所不同。25km网格的气候模式小尺度建模模型（CCLM）在模拟中基本上保持了显著的土壤水分-降水正反馈，而在2.2km×2.2km分辨率则在阿尔卑斯山表现为负反馈（Hohenegger et al.，2009）。一般来说，土壤水分对降水的具体反馈状态和程度因水热组合条件、区域和规模的不同而大相径庭。此外，通过格兰杰分析，我们发现尽管土壤水分对蒸发的反馈随着深度的增加逐渐减少，但蒸发对土壤水分的影响持续增加。土壤水分主要通过动态地表水和能量平衡的形式与大气相互作用（Delworth and Manabe，1988）。干旱地区土壤水分含量是限制蒸发的主要因素，湿润地区温度是限制蒸发的主要因素（Vargas Zeppetello et al., 2019）。蒸发和多层土壤水分之间的相互反馈机制也被应用于估计全球土地蒸发和根区土壤水分（Martens et al., 2017）。

除上述因素外，气候变暖导致的冰川融化、永久冻土融化和湖泊扩张等地表水文演变现象都会促进土壤含水量的增加。许多其他因素（如土壤质地、地下水深度和植被）也可能影响土壤水分的空间和时间分布模式。本章研究内容有望从土壤水分的角度推进对1950~2020年青藏高原气候变化的理解。我们通过分析研究获得了一些重要发现，为了保持严谨性，有必要讨论可能存在的不确定性。

首先，人类活动可能在引起土壤水分变化方面发挥不可忽视的作用。不断增长的人类用水严重影响了水资源可持续供应，将对土壤水分含量造成深远影响。青藏高原气候环境恶劣，宜居度低，因此人类活动较少。然而，在未来的研究中，定量探讨人类耗水量对青藏高原土壤水分变化的影响仍然具有重要科学意义。

其次，本研究的分析结果主要是基于 ERA5-Land 数据产品得出的，鉴于下垫面性质的复杂异质性，ERA5-Land 数据产品不可避免地存在时空偏差。许多研究评估了 ERA5-Land 数据产品的准确性，并证明了其在拟合地面观测值方面的良好性能。然而，高原山地气候区偶尔会出现误差。此外，由于本研究中使用的多深度 SM 和气候参数均来自 ERA5-Land 数据产品，因此这些数据集之间不可避免地存在固有的动力学一致性。未来有必要使用彼此独立的不同数据源来更客观地分析土壤水分和气候因素之间的相关性。

最后，格兰杰因果检验作为一种经典的测量方法，在地球系统科学研究中被广泛接受和使用。然而，这种方法将时间相关的现象定义为因果关系可能不够严谨。未来需要发展更加科学的判别法来探究土壤水分与各气候要素的耦合关系。

第6章　蒙古高原土壤水分时空演化格局

6.1　研究区概况

如图 6.1 所示，蒙古高原东西纵贯 2500km，南北横跨 1500km，其大致范围包括蒙古国全境，俄罗斯东南部的图瓦共和国、布里亚特共和国、外贝加尔边疆区以及中国北部的内蒙古自治区。蒙古高原属于温带大陆性气候区，年降雨量约为 200 毫米，月尺度温度变化较大，拥有漫长而寒冷的冬天和短暂而凉爽的夏天。蒙古高原海拔从西向东逐渐降低，西北部多山，东南部以裸地区域占主导地位，中东部则以丘陵地区为主。受当地气候影响，植被覆盖类型从北向南空间演化类型为森林、森林草原、典型草原、沙漠草原和戈壁沙漠。

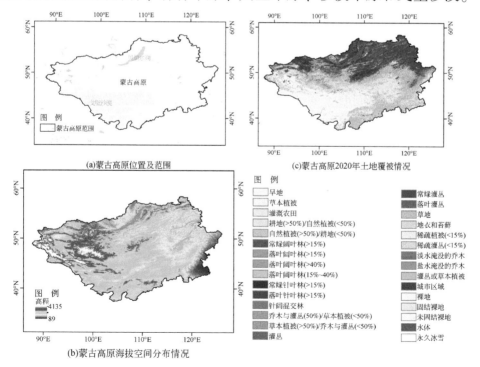

图 6.1　研究区概况

6.2　时空动态变化趋势特征

6.2.1　多深度趋势分布格局分析

图 6.2 展示了蒙古高原 1950~2020 年不同 Layer 的平均空间分布情况。其中干旱区域（土壤水分≤0.2m^3/m^3）主要位于蒙古高原的西南部，即戈壁沙漠区域。作为全球最大的沙漠和半荒漠之一，该区域地表水补给来源主要依靠每年少量的降水和季节性河流，常年缺水加上盛行的干燥北风和西北风，导致极端干旱。相比而言，贝加尔湖流域的土壤由于受到湖泊及附近河流的滋养而相对潮湿、土壤水分含量较高。除了地表水体的补给之外，广泛分布的森林和灌木也在水土保持和保护中发挥着关键作用，植被可以通过拦截、吸收和渗透等作用有效地重新分配降水，此外，植被还可以通过光合作用、呼吸作用、蒸腾作用等减少昼夜温差，缓解气候变化，增加空气湿度。因此，植被丰茂的区域土壤保持相对湿润（土壤水分≥0.3m^3/m^3）。

为了直观地描述土壤水分空间格局的变化，我们首先比较了 1950 年和 2020 年的年平均土壤水分值。如图 6.3 所示，与 1950 年相比，2020 年所有 Layer 的土壤水分均变得更干燥。以红色和橙色表征的干旱区域面积从西南部向东显著扩张，与此同时，贝加尔湖流域附近的土壤水分保持相对稳定。在此基础上，本书绘制了累积分布函数（cumulative distribution function，CDF）曲线，以清晰和定量地说明土壤水分值分布的统计差异。如图 6.3（c）、图 6.3（f）、图 6.3（i）、图 6.3（l）所示，2020 年 CDF 曲线在 0.1~0.25m^3/m^3 区间比 1950 年高得多，表明在过去 70 年中必然存在以干化为主导的土壤水分演化趋势。同时，这种整体的土壤水分含量递减的模式与已有研究的结论相对一致（Luo et al.，2021；Meng et al.，2022）。鉴于图 6.3 指示的蒙古高原土壤水分空间分布和演化的异质性，需要进一步深入开展分析以掌握蒙古高原土壤水分的时空演化特征并探索潜在的演化机制。

第6章 蒙古高原土壤水分时空演化格局

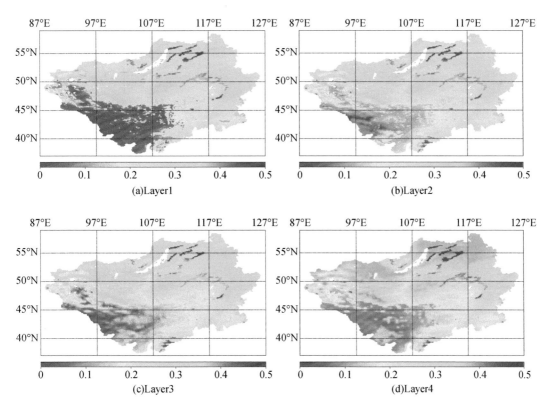

图 6.2 蒙古高原土壤水分 1950～2020 年土壤水分不同深度平均分布情况

注：Layer 1：0～7cm；Layer 2：7～28cm；Layer 3：28～100cm；Layer 4：100～289cm。土壤水分单位为 m^3/m^3。

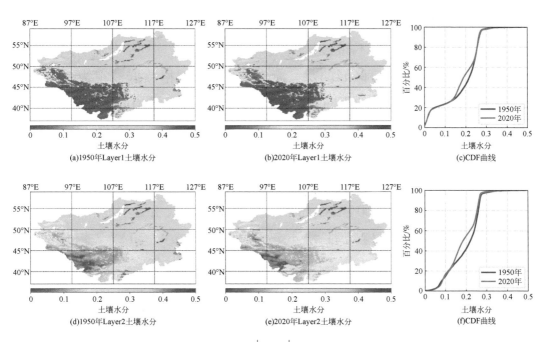

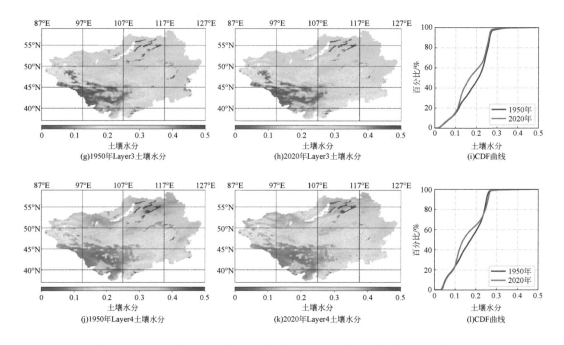

图 6.3 1950 年及 2020 年蒙古高原不同 Layer 土壤水分及其 CDF 曲线对比

注：土壤水分单位为 m^3/m^3。

6.2.2 时序视角下的动态演化格局分析

(1) 原始数据时间序列分析

基于散点密度分布对不同 Layer 的土壤水分月尺度序列演化趋势进行分析。如图 6.4 所示，蒙古高原区域的每一个 0.1°×0.1°网格数据被视为一个散点，不同的散点密度对应色带的不同颜色；所有散点的算术平均值以红色折线形式体现，刻画土壤水分的整体波段情况。整体而言，土壤水分最大值具有显著且规律性的年度波动周期，雨季最高可达 $0.4m^3/m^3$，旱季低至 $0.35m^3/m^3$；土壤水分最小值始终保持稳定，算术平均值在 $0.25\sim0.3m^3/m^3$。就不同 Layer 而言，Layer 4（土层深度 100~289cm）的土壤水分表现出更小的波动性，表明深层土壤水分的相对稳定性和不敏感性［图 6.4（d）］。相应地，如图 6.5（d）所示，深层的土壤温度也呈现出相对平缓的年度波动趋势。土壤水分和土壤温度的一致性波动规律初步揭示了与季节节律周期相关的水热协变一致性。图 6.6 和图 6.7 展示了降水和蒸发的时间序列演化趋势，以刻画自然状态下的水分补给和损失状态。在图6.7中，负值表示蒸发，正值代表凝结。可以清楚地观察到，降水和蒸发峰值同时出现在夏季。此外，土壤水分对降水的响应灵敏且积极，短暂的充足降水可以有效地促进土壤水分和蒸发量的同时增加。

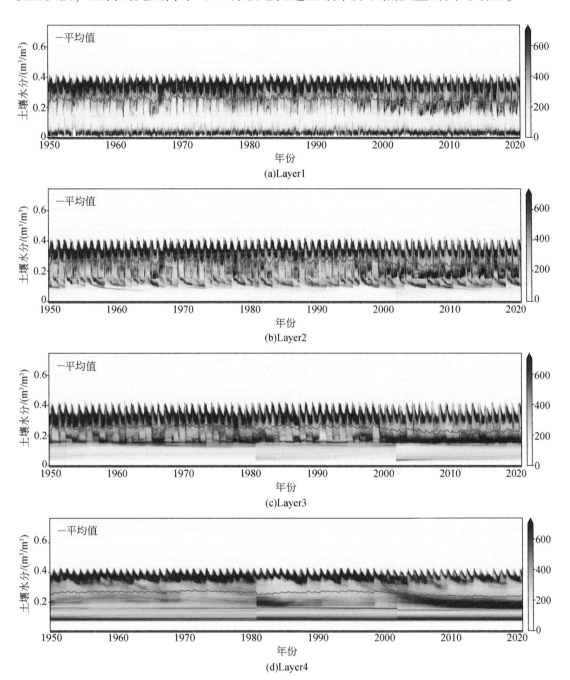

图6.4 蒙古高原土壤水分数据时间序列分布情况

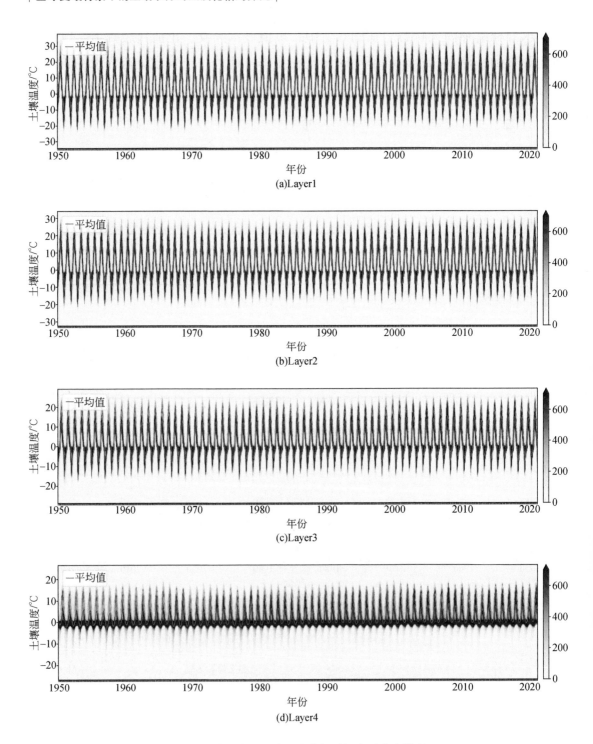

图 6.5 蒙古高原土壤温度数据时间序列分布情况

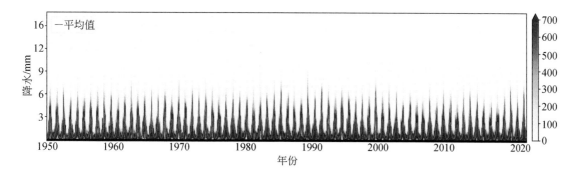

图 6.6　蒙古高原降水数据时间序列分布情况

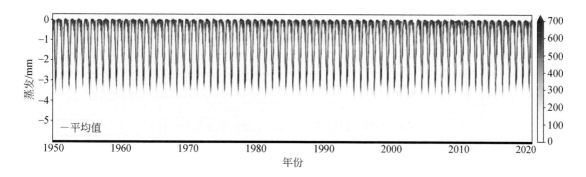

图 6.7　蒙古高原蒸发数据时间序列分布情况

除了长时序演化趋势之外，还以箱形图（图 6.8～图 6.11）的形式清晰地展示土壤水分、土壤温度、降水和蒸发的月度统计特征变化情况。如图 6.8 所示，Layer 1～Layer 3 的土壤水分均集中在 0.18～0.35m^3/m^3 区间，最大值呈现周期波动性，该规律与图 6.3 所示的 CDF 曲线及 6.4 所示的时间序列分布趋势具有较好地一致性。就土壤温度而言，其在夏季来临时显著上升，随冬季临近而持续下降。此外，随着土壤深度的增加，温度和水分波动程度逐渐降低，且出现约 1 个月的时滞效应。时滞效应表明，空气温度对土壤温度的影响可以通过厚土层被显著降低和延迟。此外，在水通过土壤孔隙向下输送的过程中，各土层均会截留一部分水，随着深度的增加，土层获得的水分逐渐下降，土壤水分振幅也随之降低（Cook et al., 2006b）。图 6.10、图 6.11 显示出降水和蒸发之间的显著正相关性，随着降水和温度的上升，蒸发量显著增大。然而，降水量和蒸发量之间存在一定差值，这意味着剩余的降水渗入土壤，并导致土壤水分从表层到底层逐渐增加。

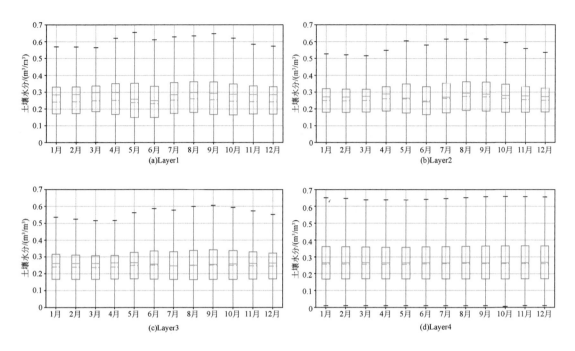

图6.8　1950~2020年蒙古高原土壤水分逐月平均值

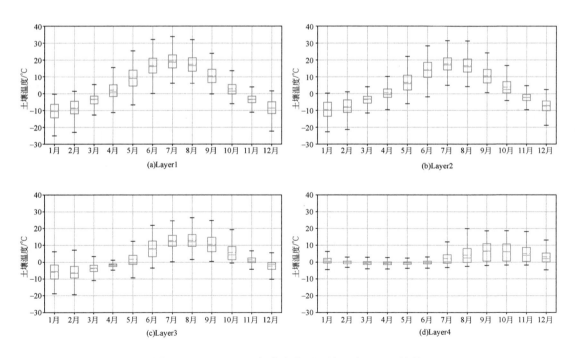

图6.9　1950~2020年蒙古高原土壤温度逐月平均值

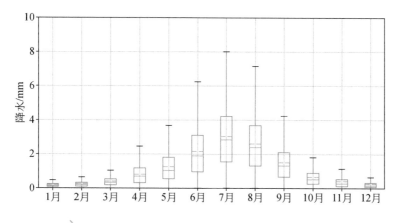

图 6.10 1950~2020 年蒙古高原降水逐月平均值

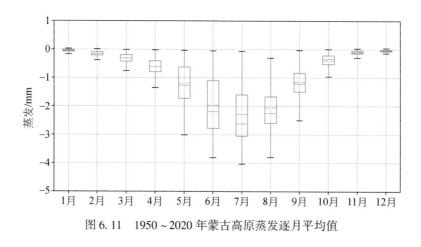

图 6.11 1950~2020 年蒙古高原蒸发逐月平均值

(2) 滑动平均趋势分析

为了在季节变化的基础上探索土壤水分及其相关要素的整体演化趋势,本书研究将每个月的数值减去前 12 个月的平均值来消除季节性波动趋势。如图 6.12~图 6.15 所示,基于置信区间绘制土壤水分、土壤温度、降水和蒸发的时间序列滑动平均趋势,并计算线性回归趋势来表示演化趋势。土壤水分表现出 [−0.003, −0.005] $m^3/(m^3 \cdot 10a)$ 的下降趋势,随着土层深度加深,土壤水分下降趋势加剧。这一现象表明,气候要素对深层土壤水分的长期演化趋势影响程度远超对浅层土壤水分的影响。相应地,如图 6.13(a)~(d)所示,土壤温度的增温趋势也随着深度的加深而增强,Layer 1 呈现 0.247℃/10a 的升温趋势,Layer 4 呈现 0.267℃/10a 的升温趋势,与 Layer 1 相比升温趋势加快 8%。此外,降水表现出 −0.016mm/10a 的下降趋势,蒸发(凝结)表现为 0.005mm/10a 的上升趋势。研究发现降水量下降与凝结量减少之间存在一定的差值，这可能与土层和植被根系吸收水分相关。总体而言，土壤水分下降速度随土层深度增加而加快，这一趋势可能是在土壤温度升高和降水减少的共同作用下触发的。已有研究利用遥感和再分析数据产品进行分析，也发现蒙古高原地区降水对地表土壤水分下降具有显著影响（Luo et al., 2021）。

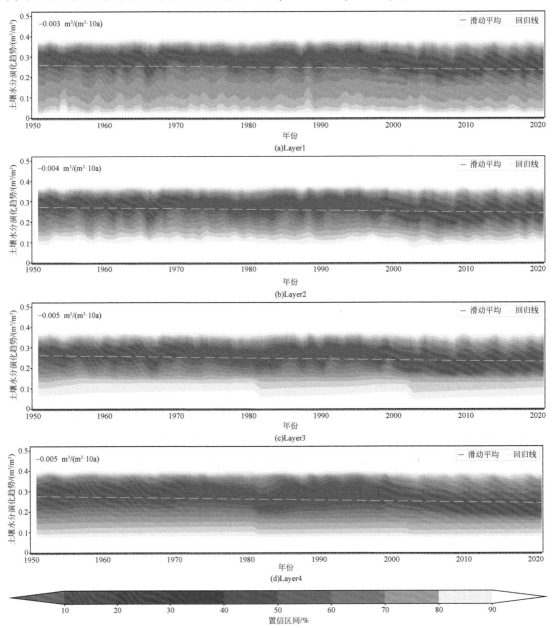

图 6.12　1950～2020 年土壤水分月尺度滑动平均值（红线）与拟合回归值（青线）

注：梯度阴影代表土壤水分集合置信度。

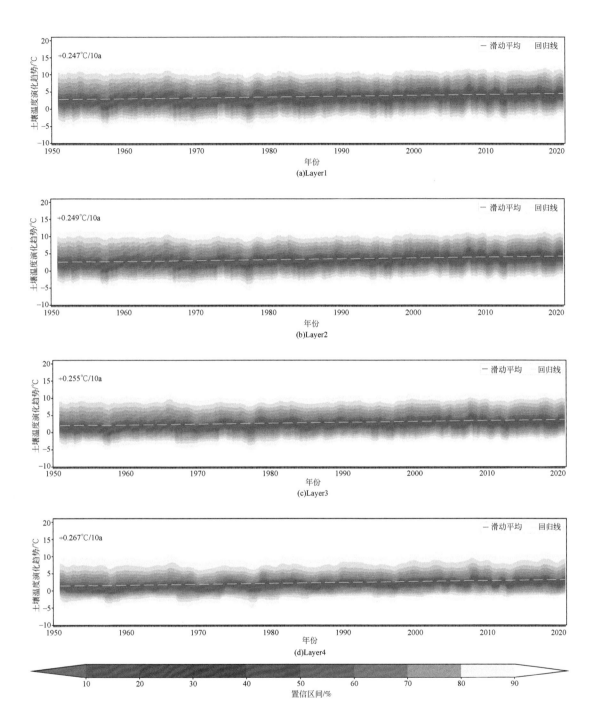

图 6.13 1950~2020 年土壤温度月尺度滑动平均值（红线）与拟合回归值（青线）

注：梯度阴影代表土壤水分集合置信度。

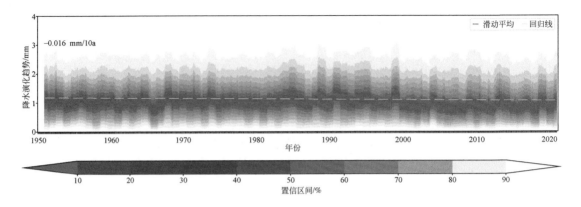

图 6.14　1950~2020 年降水月尺度滑动平均值（红线）与拟合回归值（青线）

注：梯度阴影代表土壤水分集合置信度。

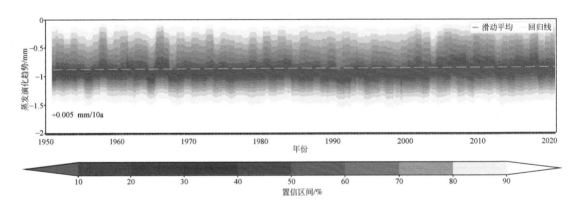

图 6.15　1950~2020 年蒸发月尺度滑动平均值（红线）与拟合回归值（青线）

注：梯度阴影代表土壤水分集合置信度。

6.3　归因分析

6.3.1　相关性分析

已有研究表明，土壤温度、降水和蒸发是与土壤水分存在密切双向耦合关系的地表要素。当土壤温度升高时，水分从土壤蒸发到空气中，导致土壤含水量降低（Martens et al.，2017；Mishra et al.，2018）。与此同时，由于水的比热容高，水蒸气可以有效地吸收并带走土层热量，从而降低温度。随着土壤和空气之间的温度和湿度差距减小，蒸发过程也随之减弱。土壤水分对降水的反馈作用已在许多研究中得到了证实（Dirmeyer et al.，2009；Shrestha et al.，2020；Spennemann et al.，2015），在干旱区域研究中土壤水分与降水之间的正负反馈效应也已经得到了证实（Koster et al.，2004；Tuttle and Salvucci，2016；Yang et al.，2018）。

图 6.16 展示了蒙古高原不同 Layer 的土壤水分与上述各地表要素之间的密度散点图。尽管深度有所不同，但各 Layer 土壤水分与同一地表要素的响应机制高度相似。如图 6.16（a）~（d）所示，土壤水分和土壤温度呈现负相关关系，这与已有的研究结论保持一致（Li et al.，2020a；Mohseni and Mokhtarzade，2020）。同时，土壤水分与降水之间表现为显著的正相关，但是当土壤水分到达 $0.35 m^3/m^3$ 时，降水对土壤水分的促进作用显著下降，表明此时土壤水分已经接近饱和状态。蒸发量随土壤水分的增加而增加，表明土壤水

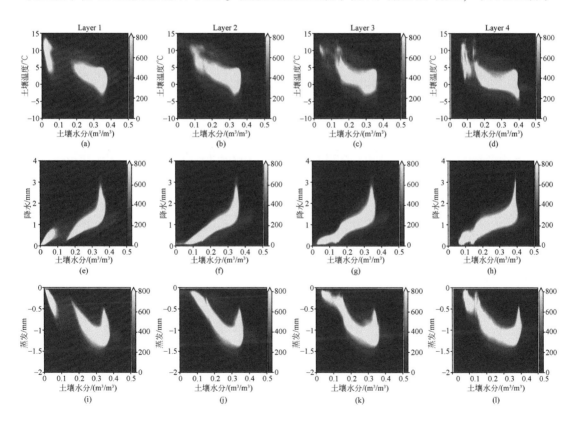

图 6.16 不同 Layer 土壤水分与对应 Layer 土壤温度以及降水、蒸发数据的散点分布

分损失量与土壤水分含量正相关。然而，当土壤水分高于 $0.35m^3/m^3$ 时，蒸发量逐渐减少，这可能是由于降水充足导致空气湿润或寒冷导致蒸发动力不足造成。

除了散点密度图外，分析探讨不同 Layer 土壤水分对土壤温度、降水和蒸发的促进或抑制作用的响应滞后时间也同样具有科学意义。热传导率、降雨入渗率和水分蒸发率可受土壤深度、土壤质地、土地覆盖和地形的影响。这表明，随着土壤深度的增加，可能存在不同的滞后时长。不同 Layer 土壤水分与土壤温度、降水和蒸发的时间序列互相关性如图 6.17 所示，在图 6.17（a）~（d）中，随着土壤深度的增加，土壤温度与土壤水分的影响逐渐降低；相比之下，在图 6.17（e）~（l）中，降水和蒸发对不同深度的土壤水分影响几乎一致，即土壤深度不会影响降水和蒸发对水分的作用。互相关系数通常在当月（滞后=0）达到最大值，表明土壤温度、降水和蒸发与土壤水分的影响可以在 1 个月内从陆地表面传导至 289cm 深处。

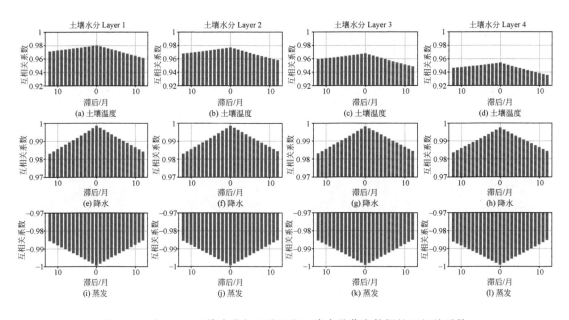

图 6.17 各 Layer 土壤水分与土壤温度、降水及蒸发数据的互相关系数

6.3.2 空间演化趋势情况与格兰杰因果关系分析

图 6.18 展示了蒙古高原 1950 年 1 月至 2020 年 12 月不同 Layer 土壤水分

的空间演化趋势，其中未通过95%显著性检验的区域设定为空值。蒙古高原土壤水分70%的区域呈现出不同程度的下降趋势，最大降幅出现在蒙古高原的东南部和中部（以红色表示）。此外，深层土壤水分显示出比浅层土壤水分更严重的干旱化程度。相比之下，不到30%的区域土壤水分呈现出略微增加的趋势，主要分布在蒙古高原的东北部和西北部边界（呈现为紫色）。同时，降水在土壤水分下降地区表现出相应的减少趋势，在土壤水分湿化区域降水呈现出轻微的增加趋势（图6.19）。相应地，蒸发表现出与降水一致的演变模式，在降水增加的区域表现为增长趋势（图6.20）。然而，土壤温度的空间演化趋势似乎与土壤水分联系不紧密，意味着土壤温度可能不是导致土壤水分演化的主导因素。值得注意的是，土壤温度在大部分区域表现出随深度增加而加剧的升温趋势，只有贝加尔湖周围的区域土壤温度保持相对稳定，突出了水体在不同深度土层进行热量调节的非凡能力（图6.21）。

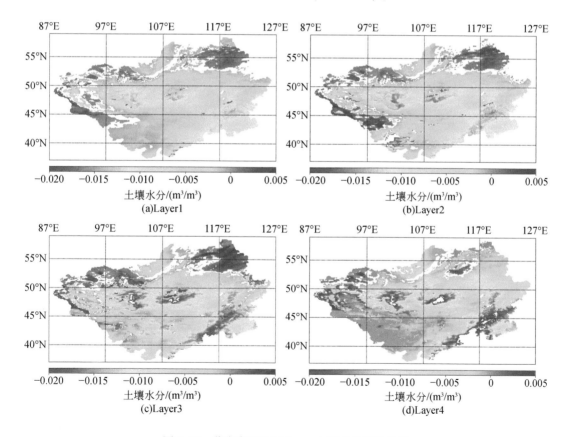

图 6.18 蒙古高原不同 Layer 土壤水分演化趋势

注：未通过显著性检验的区域为空值。

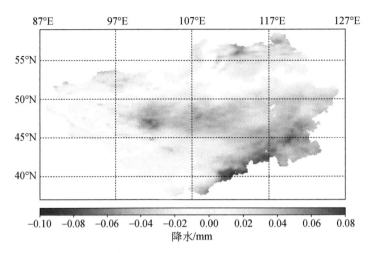

图 6.19　蒙古高原降水演化趋势

注：未通过显著性检验的区域为空值。

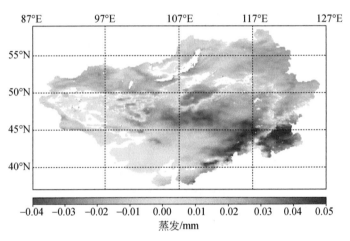

图 6.20　蒙古高原蒸发演化趋势

注：未通过显著性检验的区域为空值。

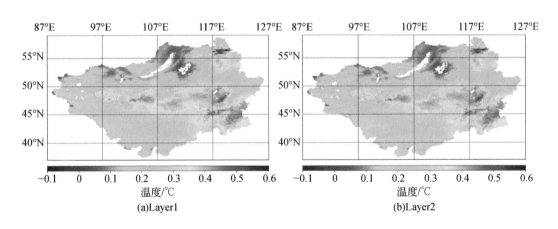

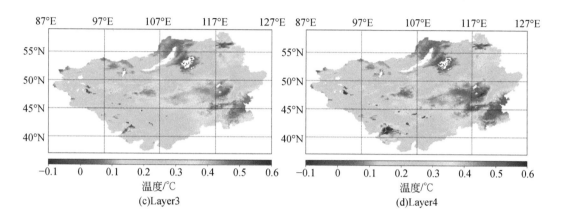

图 6.21 蒙古高原不同 Layer 土壤温度演化趋势

注：未通过显著性检验的区域为空值。

本研究进一步基于格兰杰因果关系分析探讨了不同多深度土壤水分和相关参数之间可能存在的因果关系。如图 6.22（a）~（d）所示，蒙古高原土壤水分与土壤温度之间普遍存在无显著格兰杰因果关系的区域，表明两者之间耦合交互性较弱。然而，值得注意的是，随着土层深度的增加，土壤温度是土壤水分格兰杰原因的百分比由西向东逐渐由 12% 上升至 50%。如图 6.22（e）~（h）所示，就降水而言，所有 Layer 中降水是土壤水分格兰杰原因的百分比均超过 50%，进一步证实了降水对土壤水分的促进作用。此外，就 Layer 1-Layer 3 而言，土壤水分和降水之间存在显著的双向因果关系，其面积分别占蒙古高原的 21.52%、39.78% 和 30.05%，表明土壤水分对降水存在反馈效应。对于 Layer 4 而言，土壤水分和降水之间的双向因果关系的百分比急剧下降至 10.56%，意味着 100~289cm 或更深的土壤水分可能难以对降水产生显著影响。如图 6.22（i）~（l）所示，土壤水分与蒸发之间的显著双向因果关系随着土壤深度的增加而逐渐下降，但蒸发对不同深度的土壤水分均能产生大致相当的深远影响。随着土壤深度的增加，土壤水分对蒸发的影响明显减小。

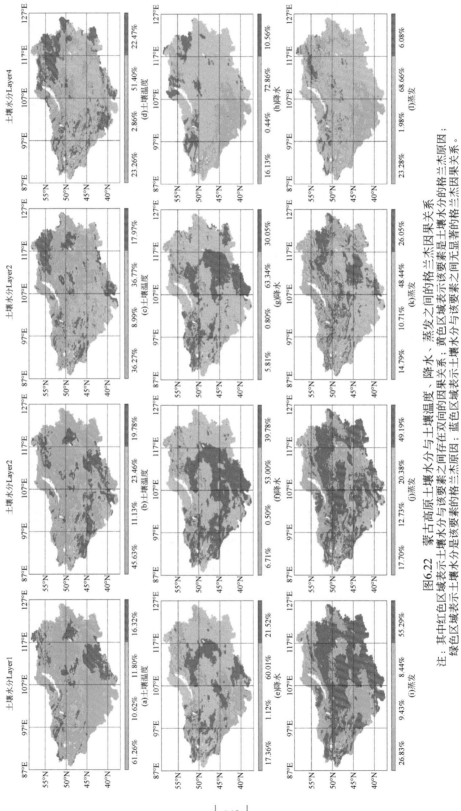

图6.22 蒙古高原土壤水分与土壤温度、降水、蒸发之间的格兰杰因果关系

注：其中红色区域表示土壤水分与该要素之间存在双向的因果关系；黄色区域表示该要素是土壤水分的格兰杰原因；蓝色区域表示土壤水分是该要素的格兰杰原因；绿色区域表示土壤水分与该要素之间无显著的格兰杰因果关系。

6.4 本章小结

长期以来，土壤水分被认为是表征地表水文演变和气候变化趋势的关键指标（Meng et al., 2022；Wouters et al., 2022）。ERA5-Land 系列土壤水分数据产品自问世以来已被广泛评价验证和实践应用（Li et al., 2020a；Wu et al., 2021）。本书研究系统地分析了 1950~2020 年蒙古高原土壤水分长期演化趋势，研究表明不同深度的土壤水分含量均表现出明显的下降趋势。

通过对土壤水分在垂直方向的分布情况进行分析发现，在蒙古高原的干旱和半干旱地区，土壤水分含量随着土层深度的增加而变得更高，这被称为逆湿度现象（Zuo et al., 2004）。已有研究表明，深度不同是导致土壤水分含量非均质性的主要原因（Pellenq et al., 2003；Tromp-Van Meerveld and McDonnell, 2006）。大气水可以通过凝结（包括不同类型的降水）和渗透过程转化为土壤水。当降水发生时，雨水渗入土壤孔隙、补充土壤水分，使得表层土壤水分迅速增加，然后逐渐下降，补充深层土壤水分。然后，土壤水分与地下水之间通过渗透和蒸发相互转化。土壤水分通过蒸发（包括植被蒸腾）进入大气，转化为大气水。根据不同的下降速率，土壤蒸发可分为大气主导、土壤水力传导率主导以及扩散主导三个阶段（Davarzani et al., 2014）。

一方面，土壤水分随土层深度的增加呈现稳定的增加趋势。另一方面，随着土壤深度的增加，土壤水分的季节性波动逐渐减小，这表明季节性气候节律对土壤水分的影响随土层深度增加而减弱。同时，地表土壤水分在大气要素的直接影响下呈现较大的波动性。相应地，土壤温度也表现为类似的垂直方向演化趋势，即随着土层深度增加波动性显著下降，土壤温度的最大值随深度增加逐渐表现为时间上的滞后性，Layer 1 土壤温度峰值出现在 7 月，而 Layer 4 土壤温度峰值则滞后到 8 月。这种现象与前人基于卫星遥感和再分析数据分析得到的结果基本一致（Albergel et al., 2013；Paris Anguela et al., 2008；Xing et al., 2021）。此外，对于全球已知所有下垫面类型而言，地表土壤水分的波动性始终高于深层土壤水分，但在极端干旱区域地表土壤水分波动性会显著下降（Tuttle and Salvucci, 2016）。

通过综合时空序列演化分析结果，本研究初步得出结论，在过去 70 年中蒙古高原土壤水分持续下降，且下降趋势随着土壤深度的增加而加剧；此外，随着土壤深度的增加，土壤温度升温趋势逐渐加快；降水量和蒸发量总体呈下降趋势。这一结论与已有相关研究结论的基本一致，已有相关研究评估了蒙古高原的遥感和再分析土壤水分产品，并发现 1982～2018 年暖季，地表土壤水分呈现下降趋势（Luo et al.，2021）。该研究基于偏相关分析发现在解释土壤水分演化趋势方面降水比温度具有更强的代表性和说服力。还有研究对 1982～2019 年蒙古高原土壤水分的时空变异性进行了评估，发现土壤水分呈现显著下降趋势，并指出土壤水分的演化趋势由降水和潜在蒸散两大因素主导。

为了进一步深度探索土壤水分与地表要素的时空演化耦合关系，本书研究使用格兰杰因果关系检验对这些参数之间的相互作用进行了计算分析。结果表明降水在蒙古高原 80% 的区域是多深度土壤水分的格兰杰原因，即降水在土壤水分演化中占据主导地位。相应地，在蒙古高原 21.52%～39.78% 的区域中，0～100cm 深处的土壤水分是降水的格兰杰原因。一方面，降水可以有效促进土壤水分提升是众所周知的科学现象；另一方面，已有研究证实土壤水分能够影响干旱区的降水概率（Tuttle and Salvucci，2016）。土壤水分和降水相互作用的具体机制是一个复杂的过程，涉及大气条件、地表湿度、边界层和风速等诸多要素。此外，蒸发在蒙古高原超过 60% 的区域是多深度土壤水分的格兰杰原因，而土壤水分对蒸发的反馈效应随着深度的增加而逐渐下降。在蒙古高原高纬度地区热量十分有限，土壤水分与蒸发之间的互反馈效应不显著（Delworth and Manabe，1988）。此外，土壤温度对土壤水分的格兰杰影响力随深度的下推逐渐加强。已有研究表明，土壤水分的增加（在本研究中土壤水分随着土层深度的增加而增加）可以提升土壤的储热能力，这有效地减少了由大气条件实时波动引起的土壤温度的不规则波动（Al-Kayssi et al.，1990）。因此，土壤中的水-热协变关系具有物理一致性。

尽管本研究取得的结论与前人的研究成果具有良好的一致性，但仍存在一些不确定性。一方面，本研究主要基于 ERA5-Land 月均数据产品开展，ERA5-Land 数据产品自问世以来就广受关注，经诸多学者评价分析发现其数据精度、稳定性与同类数据相比均较高（Hersbach et al.，2020；Li et al.，2020a；Mahto and Mishra，2019）。另一方面，ERA5-Land 模型同化过程中不可避免地存在着多样化的不确定性，导致数据产品空间和时间上的不确定性。例如，有研究指出 ERA5-Land 非常有必要改进模型以在城市化水平较高的地区提供准确的降水数据（Xin et al., 2021）；有研究全面验证了 ERA5-Land 土壤水分产品在中国区域的精度，揭示了 ERA5-Land 土壤水分产品的精度水平与气候密切相关，其在湿润和半湿润区域误差较大（Wu et al., 2021）。除了本书研究所用的土壤温度、降水和蒸发，许多其他因素（如土壤质地、地下水深度和植被）也会影响土壤水分的演化模式。格兰杰因果检验作为一种经典的因果关系测量方法，在地球系统科学研究中被广泛接受和使用；然而，将时间相关现象定义为因果关系可能不够严谨。

除气候因素外，土壤水分的时空演化趋势同样受到人类活动（如生活用水、牲畜用水、灌溉用水、采矿用水、电力用水和制造业用水）的直接或间接影响。随着人口的稳步增长和社会经济的发展，人类用水强度的增加会影响土壤水资源的可持续供应（Colaizzi et al., 2003；Puy et al., 2021）。因此，土壤水分的演化和波动是在气候和人为因素共同驱动下导致的。

第 7 章　讨论与结论

7.1　讨　　论

本书前序章节对近 70 年来的土壤水分时空分布格局及演化特征进行了多视角分析与耦合驱动力研究，以期为了解掌握农业干旱情况提供参考、为有关部门制定土壤水分管理与调控措施提供辅助决策支撑。在全球气候日益变暖、极端天气事件频发的背景下，国际科学委员会与世界气象组织共同发起了世界气候研究计划（World Climate Research Program，WCRP）。截至 2022 年，WCRP 先后牵头组织发起了 6 次国际耦合模式比较计划（Coupled Model Intercomparison Project，CMIP），旨在增进对未来地球气候系统的科学理解。其中，CMIP6 是迄今为止最新的情景模式，旨在更好地模拟历史、现在和未来的全球气候演化格局。CMIP6 主要的共享社会经济路径（SSPs）情景模式包括 SSP1-2.6（低强迫情景）、SSP2-4.5（中等辐射强迫情景）、SSP5-8.5（高强迫情景）。在不同情景模式下均有对应的地球系统模拟数据，包括土壤水分、降水、气温等。上述数据为了解地球系统未来气候发展趋势、制定气候应对策略、规划水资源宏观调控措施、保障粮食安全等带来前所未有的机遇。因此，将在接下来的工作中使用未来土壤水分数据开展分析，尝试探索不同情景下的土壤含水量演化规律。

7.2　结　　论

1）通过分析全球土壤水分时空序列演化趋势，获得以下结论：自 1999 年以来，土壤水分整体呈现干燥趋势，且干化速率随深度增加而加快。显著干化区域面积明显高于显著湿化区域。显著干化地区主要分布在宜居地区，而显著湿化地区通常位于恶劣气候区，绿化趋势明显。根据统计分析结果，随着深度的增加，气候和人为因素对土壤水分长期演化趋势的影响都越来越大。具体而言，降水和畜牧业取水被认为是导致土壤水分变化的主要气候和人为原因。当土壤深度从 0cm 增加到 289cm 时，降水是土壤水分格兰杰原因的百分比从 25.87% 上升到 44.51%；同时，牲畜取水是土壤水分格兰杰原因的百分比从 16.96% 增加到 50.92%。此外，土壤水分还表现出对气候因素和人类取水的反馈作用。

2）通过分析中国部分区域的土壤水分时空序列演化趋势，获得以下结论：在气候变暖趋势背景下，土壤水分呈现出不平衡的动态演化趋势。显著干化区主要位于华北平原和东北中部，湿化区集中在昆仑山和天山山脉。随着深度的增加，干化区土壤水分下降速率逐渐加剧，而湿化区土壤水分增加趋势则逐渐缩小。由于大约四分之一的干化区域是农田，根区土壤水分比地表土壤水分对植物生长更为重要，因此迫切需要充足和可持续的土壤水源供应，以确保粮食安全。通过相关性和格兰杰因果关系分析发现，降水和蒸发被认为是驱动多深度土壤水分变化的主要气候因素，并且由于上层土壤的拦截，驱动力随着深度的增加而逐渐下降。同时发现了土壤水分对气候要素的反馈作用，证明它们之间的密切相互作用。日益增长的人类取水活动在土壤水分的时空变异中起着重要作用。除 IRR 外，人类取水活动与土壤水分之间的相关性随着深度的增加而不断增加，这意味着深层人类取水活动更容易受到取水活动的影响。因此，气候和人为因素的双重影响共同导致了复杂的土壤水分变化。本研究有望促进对研究区土壤水分演化模式的理解，并为未来土壤水分的深度探索、使用和管理提供参考。

3）通过分析青藏高原的土壤水分时空序列演化趋势，获得以下结论：青藏高原 0~100cm 深度的土壤水分有轻微的湿化趋势。湿化区 [土壤水分变化速率 $>0.005\text{m}^3/(\text{m}^3 \cdot 10\text{a})$] 降水充足，土壤温度上升趋势不显著。相比之下，干化区 [土壤水分变化速率 $<-0.005\text{m}^3/(\text{m}^3 \cdot 10\text{a})$] 伴随着显著的变暖趋势和降水量下降。就垂直变化特征而言，土壤水分的时间动态波动幅度随着深度的增加而明显减小，表明地表土壤水分对大气扰动影响的高度敏感性。通过相关性和格兰杰因果关系分析，初步证明降水和融雪是导致土壤水分时空变化的主要驱动因素。土壤水分与这两个参数之间存在双向因果关系。

4) 通过分析蒙古高原的土壤水分时空序列演化趋势,获得以下结论:蒙古高原土壤水分呈现持续的下降趋势,随着土层深度的增加,下降速率加剧[Layer 1 下降速率为$-0.003\text{m}^3/(\text{m}^3 \cdot 10\text{a})$,Layer 4 下降速率为$-0.005\text{m}^3/(\text{m}^3 \cdot 10\text{a})$],导致植被根区的有效土壤含水量将减少;深层土壤水分的季节性波动显著小于地表土壤水分的波动性;通过格兰杰因果关系分析,发现降水是主导土壤水分演化的因素,土壤水分同时对降水存在反馈效应;蒸发和陆表土壤水分表现出密切的相互作用,这种双向交互反馈作用随着土层深度的增加而逐渐转向单向(深层土壤水分对蒸发的影响显著降低)。

参 考 文 献

A Y, Wang G, Hu P, et al. 2022. Root-zone soil moisture estimation based on remote sensing data and deep learning. Evironmental Research, (212): 113278.

Abatzoglou J T, Dobrowski S Z, Parks S A, et al. 2018. TerraClimate, a high-resolution global dataset of monthly climate and climatic water balance from 1958-2015. Scientific Data, (5): 1-12.

Abbaszadeh P, Moradkhani H, Zhan X. 2019. Downscaling SMAP radiometer soil moisture over the CONUS using an ensemble learning method. Water resources research, (55): 324-344.

Abowarda A S, Bai L, Zhang C, et al. 2021. Generating surface soil moisture at 30m spatial resolution using both data fusion and machine learning toward better water resources management at the field scale. Remote Sensing of Environment, (255): 1-19.

Ahmed A, Deo R C, Raj N, et al. 2021. Deep learning forecasts of soil moisture: convolutional neural network and gated recurrent unit models coupled with satellite-derived modis, observations and synoptic-scale climate index data. remote sensing, (13): 554-583.

Al Bitar A, Leroux D, Kerr Y H, et al. 2012. Evaluation of SMOS soil moisture products over continental US using the SCAN/SNOTEL network. IEEE Transactions on Geoscience and Remote Sensing, (50): 1572-1586.

Albergel C, De Rosnay P, Gruhier C, et al. 2012. Evaluation of remotely sensed and modelled soil moisture products using global ground-based in situ observations. Remote Sensing of Environment, (118): 215-226.

Albergel C, Dorigo W, Reichle R, et al. 2013. Skill and global trend analysis of soil moisture from reanalyses and microwave remote sensing. Journal of Hydrometeorology, (14): 1259-1277.

Albergel C, Rüdiger C, Pellarin T, et al. 2008. From near-surface to root-zone soil moisture using an exponential filter: an assessment of the method based on insitu observations and model simulations. Hydrology & Earth System Sciences Discussions, (5): 1323-1337.

Ali I, Greifeneder F, Stamenkovic J, et al. 2015. Review of machine learning approaches for biomass and soil moisture retrievals from remote sensing data. Remote Sensing, (7): 221-236.

Allam M M, Figueroa J A, McLaughlin D B, et al. 2016. Estimation of evaporation over the upper blue nile basin by combining observations from satellites and river flow gauges. Water resources research, (52): 644-659.

Almendra-Martín L, Martínez-Fernández J, Piles M, et al. 2021. Comparison of gap-filling techniques applied to the CCI soil moisture database in Southern Europe. Remote Sensing of Environment, 258 (112377): 1-14.

Altese E, Bolognani O, Mancini M, et al. 1996. Retrieving soil moisture over bare soil from ERS 1 synthetic aperture radar data: Sensitivity analysis based on a theoretical surface scattering model and field data. Water resources research, (32): 653-661.

Al-Kayssi A W, Al-Karaghouli A A, Hasson A M, et al. 1990. Influence of soil moisture content on soil temperature and heat storage under greenhouse conditions. Journal of Agricultural Engineering Research, (45): 241-252.

An R, Zhang L, Wang Z, et al. 2016. Validation of the ESA CCI soil moisture product in China. International Journal of Applied Earth Observation & Geoinformation, (48): 28-36.

Aubert M, Baghdadi N, Zribi M, et al. 2011. Analysis of TerraSAR-X data sensitivity to bare soil moisture, roughness, composition and soil crust. Remote Sensing of Environment, (115): 1801-1810.

Azam M F, Wagnon P, Berthier E, et al. 2018. Review of the status and mass changes of Himalayan-Karakoram glaciers. Journal of Glaciology, (64): 61-74.

Babaeian E, Sadeghi M, Franz T E, et al. 2018. Mapping soil moisture with the OPtical TRApezoid Model (OPTRAM) based on long-term MODIS observations. Remote Sensing of Environment, (211): 425-440.

Baghdadi N, Aubert M, Zribi M. 2012. Use of TerraSAR-X Data to Retrieve Soil Moisture Over Bare Soil Agricultural Fields. IEEE Geoscience and Remote Sensing Letters, (9): 512-516.

Balenzano A, Mattia F, Satalino G, et al. 2021a. Dataset of Sentinel-1 surface soil moisture time series at 1 km resolution over Southern Italy. Data in Brief, 38 (107345): 1-5.

Balenzano A, Mattia F, Satalino G, et al. 2021b. Sentinel-1 soil moisture at 1 km resolution: a validation study. Remote Sensing of Environment, 263: 65-77.

Bales R C, Hopmans J W, O'Geen A T, et al. 2011. Soil moisture response to snowmelt and rainfall in a Sierra Nevada mixed-conifer forest. Vadose Zone Journal, (10): 786-799.

Balsamo G, Bouyssel F, Noilhan J. 2004. A simplified bi-dimensional variational analysis of soil moisture from screen-level observations in a mesoscale numerical weather-prediction model. Quarterly Journal of the Royal Meteorological Society: A Journal of the Atmospheric Sciences, Applied Meteorology and Physical Oceanography, (130): 895-915.

Barnett T P, Pierce D W. 2008. When will Lake Mead go dry? Water Resources Research, 44 (3): 7768827.

Barrett B W, Dwyer E, Whelan P. 2009. Soil moisture retrieval from active spaceborne microwave observations: An evaluation of current techniques. Remote Sensing, (1): 210-242.

Bartalis Z, Wagner W, Naeimi V, et al. 2007. Initial soil moisture retrievals from the METOP-A Advanced Scatterometer (ASCAT). Geophysical Research Letters, (34): 1-5.

Beck H E, Pan M, Miralles D G, et al. 2021. Evaluation of 18 satellite-and model-based soil moisture products using in situ measurements from 826 sensors. Hydrology and Earth System Sciences, (25): 17-40.

Beck H E, Pan M, Roy T, et al. 2019a. Daily evaluation of 26 precipitation datasets using Stage-IV gauge-radar data for the CONUS. Hydrology and Earth System Sciences, (23): 207-224.

Beck H E, Vergopolan N, Pan M, et al. 2017. Global-scale evaluation of 22 precipitation datasets using gauge observations and hydrological modeling. Hydrology and Earth System Sciences, (21): 6201-6217.

Beck H E, Wood E F, Pan M, et al. 2019b. MSWEP V2 global 3-Hourly 0.1° precipitation: methodology and quantitative assessment. Bulletin of the American Meteorological Society, (100): 473-500.

Bi H, Ma J, Zheng W, et al. 2016. Comparison of soil moisture in GLDAS model simulations and in situ observations over the Tibetan Plateau. Journal of Geophysical Research: Atmospheres, (121): 2658-2678.

Bindlish R, Cosh M H, Jackson T J, et al. 2018. GCOM-W AMSR2 soil moisture product validation using core validation sites. IEEE Journal of Selected Topics in Applied Earth Observations & Remote Sensing, (11): 209-219.

Bontemps S, Defourny P, Radoux J, et al. 2013. Consistent global land cover maps for climate modelling communities: current achievements of the ESA's land cover CCI. Edimburgh: Proceedings of the ESA Living Planet Symposium.

Bosilovich M G, Robertson F R, Takacs L, et al. 2017. Atmospheric water balance and variability in the MERRA-2 reanalysis. Journal of Climate, (30): 1177-1196.

Bouttier F, Mahfouf J, Noilhan J. 1993. Sequential assimilation of soil moisture from atmospheric low-level parameters. Part I: Sensitivity and calibration studies. Journal of applied Meteorology and Climatology, (32): 1335-1351.

Brandhorst N, Erdal D, Neuweiler I. 2017. Soil moisture prediction with the ensemble Kalman filter: Handling uncertainty of soil hydraulic parameters. Advances in Water Resources, (110): 360-370.

Brocca L, Ciabatta L, Massari C, et al. 2014. Soil as a natural rain gauge: Estimating global rainfall from satellite soil moisture data. Journal of Geophysical Research Atmospheres, 119 (9): 5128-5141.

Brocca L, Crow W T, Ciabatta L, et al. 2017. A review of the applications of ASCAT soil moisture products. IEEE Journal of Selected Topics in Applied Earth Observations and Remote Sensing, (10): 2285-2306.

Brocca L, Hasenauer S, Lacava T, et al. 2011. Soil moisture estimation through ASCAT and AMSR-E sensors: An intercomparison and validation study across Europe. Remote Sensing of Environment, (115): 3390-3408.

Brocca L, Melone F, Moramarco T, et al. 2010. Improving runoff prediction through the assimilation of the ASCAT soil moisture product. Hydrology and Earth System Sciences, (14): 1881-1893.

Brocca L, Moramarco T, Melone F, et al. 2013. A new method for rainfall estimation through soil moisture observations. Geophysical Research Letters, 40: 853-858.

Brockett B, Prescott C E, Grayston S J. 2012. Soil moisture is the major factor influencing microbial community structure and enzyme activities across seven biogeoclimatic zones in western Canada. Soil Biology & Biochemistry, (44): 9-20.

Cai X, Rosegrant M W. 2002. Global water demand and supply projections. Water International, (27): 159-169.

Cao J, Tian H, Adamowski J F, et al. 2018. Influences of afforestation policies on soil moisture content in China's arid and semi-arid regions. Land Use Policy, (75): 449-458.

Carlowicz M. 2022a. Deep Concern About Food Security in Eastern Africa. Washington DC: NASA, Earth Observatory.

Carlowicz M. 2022b. Lake Mead Keeps Dropping. Washington DC: NASA, Earth Observatory.

Carlson T N, Perry E M, Schmugge T J. 1990. Remote estimation of soil moisture availability and fractional vegetation cover for agricultural fields. Agricultural and Forest Meteorology, (52): 45-69.

Carlson T. 2007. An overview of the triangle method for estimating surface evapotranspiration and soil moisture from satellite imagery. Sensors, (7): 1612-1629.

Chan S K, Bindlish R, O'Neill P E, et al. 2016. Assessment of the SMAP passive soil moisture product. IEEE Transactions on Geoscience & Remote Sensing, (54): 4994-5007.

Chanzy A, Bruckler L. 1993. Significance of soil surface moisture with respect to daily bare soil evaporation. Water resources research, (29): 1113-1125.

Chen J, Wang C, Jiang H, et al. 2011. Estimating soil moisture using temperature-vegetation dryness index (TVDI) in the Huang-huai-hai (HHH) plain. International Journal of Remote Sensing, (32): 1165-1177.

Chen S, Liu Y, Wen Z. 2012. Satellite retrieval of soil moisture: An overview. Advances in Earth Science, (27): 1192-1203.

Chen T, De Jeu R, Liu Y, et al. 2014. Using satellite based soil moisture to quantify the water driven variability in NDVI: A case study over mainland Australia. Remote Sensing of Environment, (140): 330-338.

Chen T, Werf G, Jeu R d, et al. 2013. A global analysis of the impact of drought on net primary productivity. Hydrology Earth System Sciences, (17): 3885-3894.

Chen Y, Feng X, Fu B. 2021. An improved global remote-sensing-based surface soil moisture (RSSSM) dataset covering 2003-2018. Earth System Science Data, (13): 1-31.

Chen Y, Yang K, Qin J, et al. 2017. Evaluation of SMAP, SMOS, and AMSR2 soil moisture retrievals against observations from two networks on the Tibetan Plateau. Journal of Geophysical Research Atmospheres, (122): 5780-5792.

Cheng M, Zhong L, Ma Y, et al. 2019. A study on the assessment of multi-source satellite soil moisture products and reanalysis data for the Tibetan Plateau. Remote Sensing, (11): 1-18.

Chew C, Small E. 2020. Description of the UCAR/CU soil moisture product. Remote Sensing, (12): 1-26.

Churkina G, Running S W, Schloss A L, et al. 1999. Comparing global models of terrestrial net primary productivity (NPP): the importance of water availability. Global Change Biology, (5): 46-55.

Clewley D, Whitcomb J B, Akbar R, et al. 2017. A method for upscaling in situ soil moisture measurements to satellite footprint scale using random forests. IEEE Journal of Selected Topics in Applied Earth Observations and Remote Sensing, 10, 2663-2673.

Cogley J G. 2011. Present and future states of Himalaya and Karakoram glaciers. Annals of Glaciology, (52): 69-73.

Colaizzi P D, Barnes E M, Clarke T R, et al. 2003. Estimating soil moisture under low frequency surface irrigation using crop water stress index. Journal of Irrigation and Drainage Engineering,（129）：27-35.

Colliander A, Jackson T J, Bindlish R, et al. 2017. Validation of SMAP surface soil moisture products with core validation sites. Remote Sensing of Environment,（191）：215-231.

Condon L E, Atchley A L, Maxwell R M. 2020. Evapotranspiration depletes groundwater under warming over the contiguous United States. Nature Communications, 11（873）：1-8.

Cook B I, Bonan G B, Levis S. 2006a. Soil moisture feedbacks to precipitation in Southern Africa. Journal of Climate,（19）：4198-4206.

Cook H F, Valdes G S, Lee H C J S, et al. 2006b. Mulch effects on rainfall interception, soil physical characteristics and temperature under Zea mays L. Soil and Tillage Research,（91）：227-235.

Cosgrove B A, Lohmann D, Mitchell K E, et al. 2003. Real-time and retrospective forcing in the North American Land Data Assimilation System（NLDAS）project. Journal of Geophysical Research：Atmospheres, 108（8842）：1-3.

Das N N, Entekhabi D, Dunbar R S, et al. 2019. The SMAP and Copernicus Sentinel 1A/B microwave active-passive high resolution surface soil moisture product. Remote Sensing of Environment,（233）：1-17.

Davarzani H, Smits K, Tolene R M, et al. 2014. Study of the effect of wind speed on evaporation from soil through integrated modeling of the atmospheric boundary layer and shallow subsurface, Water Resources Research,（50）：661-680.

Davidson H. 2022. China drought causes Yangtze to dry up, sparking shortage of hydropower. London：The Guardian.

De Jeu R A M, Holmes T R H, Panciera R, et al. 2009. Parameterization of the Land Parameter Retrieval Model for L-Band Observations Using the NAFE'05 Data Set. IEEE Geoscience and Remote Sensing Letters,（6）：630-634.

De Rosnay P, Drusch M, Vasiljevic D, et al. 2013. A simplified extended Kalman filter for the global operational soil moisture analysis at ECMWF. Quarterly Journal of the Royal Meteorological Society,（139）：1199-1213.

Decker M, Zeng X. 2009. Impact of Modified Richards Equation on Global Soil Moisture Simulation in the Community Land Model（CLM3.5）. Journal of Advances in Modeling Earth Systems, 1（3）：1-22.

Delworth T L, Manabe S. 1988. The influence of potential evaporation on the variabilities of simulated soil wetness and climate. Journal of Climate,（1）：523-547.

Deng L, Yu D. 2014. Deep Learning：Methods and Applications. Shanghai：Now Foundations and Trends.

Deng M, Meng X, Li Z, et al. 2020a. Responses of soil moisture to regional climate change over the three rivers source region on the tibetan plateau. International Journal of Climatology,（40）：2403-2417.

Deng Y, Wang S, Bai X, et al. 2020b. Variation trend of global soil moisture and its cause analysis. Ecological Indicators,（110）：105939.

Dirmeyer P A, Schlosser C A, Brubaker K L. 2009. Precipitation, recycling, and land memory：An integrated analysis. Journal of Hydrometeorology,（10）：278-288.

Djamai N, Magagi R, Goïta K, et al. 2016. A combination of DISPATCH downscaling algorithm with CLASS land surface scheme for soil moisture estimation at fine scale during cloudy days. Remote Sensing of Environment, (184): 1-14.

Do N, Kang S. 2014. Assessing drought vulnerability using soil moisture-based water use efficiency measurements obtained from multi-sensor satellite data in Northeast Asia dryland regions. Journal of Arid Environments, (105): 22-32.

Dobriyal P, Qureshi A, Badola R, et al. 2012. A review of the methods available for estimating soil moisture and its implications for water resource management. Journal of Hydrology, (458-459): 110-117.

Dorigo W A, Gruber A, De Jeu R, et al. 2015. Evaluation of the ESA CCI soil moisture product using ground-based observations. Remote Sensing of Environment, (162): 380-395.

Dorigo W A, Wagner W, Hohensinn R, et al. 2011. The International Soil Moisture Network: A data hosting facility for global in situ soil moisture measurements. Hydrology and Earth System Sciences, (15): 1675-1698.

Dorigo W A, Xaver A, Vreugdenhil M, et al. 2013. Global Automated Quality Control of In Situ Soil Moisture Data from the International Soil Moisture Network. Vadose Zone Journal, (12): 918-924.

Dorigo W, De Jeu R, Chung D, et al. 2012. Evaluating global trends (1988-2010) in harmonized multi-satellite surface soil moisture. Geophysical Research Letters, 39 (18): 1-8.

Dorigo W, De Jeu R. 2016. Satellite soil moisture for advancing our understanding of earth system processes and climate change. International Journal of Applied Earth Observation and Geoinformation, (48): 1-4.

Dorigo W, Wagner W, Albergel C, et al. 2017. ESA CCI Soil Moisture for improved Earth system understanding: State-of-the art and future directions. Remote Sensing of Environment, (203): 185-215.

Draper C, Reichle R, De Lannoy G, et al. 2012. Assimilation of passive and active microwave soil moisture retrievals, Geophysical Research Letters, 39 (4): 1-5.

Draper D W. 2018. Radio Frequency Environment for Earth-Observing Passive Microwave Imagers. International Journal of Remote Sensing, 27 (18): 3853-3865.

Droppers B, Supit I, Leemans R, et al. 2022. Limits to management adaptation for the Indus' irrigated agriculture. Agricultural and Forest Meteorology, 321 (108971): 1-11.

Drusch M, Wood E F, Gao H. 2005. Observation operators for the direct assimilation of TRMM microwave imager retrieved soil moisture. Geophysical Research Letters, (32): 237-253.

Duan W, He B, Chen Y, et al. 2018. Identification of long-term trends and seasonality in high-frequency water quality data from the Yangtze River basin, China. PloS one, (13): 1-18.

Dumedah G, Walker J P, Merlin O. 2015. Root-zone soil moisture estimation from assimilation of downscaled Soil Moisture and Ocean Salinity data. Advances in Water Resources, (84): 14-22.

Döll P, Hoffmann-Dobrev H, Portmann F T, et al. 2012. Impact of water withdrawals from groundwater and surface water on continental water storage variations. Journal of Geodynamics, (59): 143-156.

Enenkel M, Steiner C, Mistelbauer T, et al. 2016. A Combined Satellite-Derived Drought Indicator to Support

Humanitarian Aid Organizations. Remote Sensing,(8):340-364.

Entekhabi D, Njoku E G, O'Neill P E, et al. 2010. The soil moisture active passive (SMAP) mission. Proceedings of the IEEE,(98):704-716.

Falloon P, Jones C D, Ades M, et al. 2011. Direct soil moisture controls of future global soil carbon changes: An important source of uncertainty. Global Biogeochemical Cycles,(25):1-14.

Fang K, Shen C, Kifer D, et al. 2017. Prolongation of SMAP to spatiotemporally seamless coverage of continental US using a deep learning neural network. Geophysical Research Letters,(44):11030-11039.

Farr T G, Rosen P A, Caro E, et al. 2007. The shuttle radar topography mission. Reviews of Geophysics,(45):1-33.

Feng H, Zhang M. 2015. Global land moisture trends: drier in dry and wetter in wet over land. Scientific Reports,(5):1-6.

Feng Z, Yang Y, Zhang Y, et al. 2005. Grain-for-green policy and its impacts on grain supply in West China. Land Use Policy,(22):301-312.

Flanagan L B, Johnson B G. 2005. Interacting effects of temperature, soil moisture and plant biomass production on ecosystem respiration in a northern temperate grassland. Agricultural and Forest Meteorology,(130):237-253.

Fontanet M, Fernàndez-Garcia D, Ferrer F J H, et al. 2018. The value of satellite remote sensing soil moisture data and the DISPATCH algorithm in irrigation fields. Hydrology and Earth System Sciences,(22):5889-5900.

Gaiser P W, St Germain K M, Twarog E M, et al. 2004. The WindSat spaceborne polarimetric microwave radiometer: Sensor description and early orbit performance. IEEE Transactions on Geoscience and Remote Sensing,(42):2347-2361.

Gao J, Zhao P, Zhang H, et al. 2018. Operational water withdrawal and consumption factors for electricity generation technology in China—A literature review. Sustainability,(10):1181-1195.

Gardelle J, Berthier E, Arnaud Y. 2012. Slight mass gain of Karakoram glaciers in the early twenty-first century. Nature Geoscience,(5):322-325.

Gasse F, Arnold M, Fontes J, et al. 1991. A 13,000-year climate record from western Tibet. Nature,(353):742-745.

Gelaro R, McCarty W, Suárez M J, et al. 2017. The modern-era retrospective analysis for research and applications, version 2 (MERRA-2). Journal of Climate, 30(13):5419-5454.

Gevaert A I, Renzullo L J, Van Dijk A I J M, et al. 2018. Joint assimilation of soil moisture retrieved from multiple passive microwave frequencies increases robustness of soil moisture state estimation. Hydrology and Earth System Sciences,(22):4605-4619.

Ghulam A, Qin Q, Teyip T, et al. 2007. Modified perpendicular drought index (MPDI): a real-time drought monitoring method. ISPRS Journal of Photogrammetry and Remote Sensing,(62):150-164.

Goffner D, Sinare H, Gordon L J. 2019. The Great Green Wall for the Sahara and the Sahel Initiative as an opportunity to enhance resilience in Sahelian landscapes and livelihoods. Regional Environmental Change,（19）：1417-1428.

Goward S N, Xue Y, Czajkowski K P. 2002. Evaluating land surface moisture conditions from the remotely sensed temperature/vegetation index measurements: An exploration with the simplified simple biosphere model. Remote Sensing of Environment,（79）：225-242.

Granger C W. 1969. Investigating causal relations by econometric models and cross-spectral methods. Econometrica: journal of the Econometric Society, 424-438.

Griesfeller A, Lahoz W A, De Jeu R A M, et al. 2016. Evaluation of satellite soil moisture products over Norway using ground-based observations. International Journal of Applied Earth Observation and Geoinformation,（45）：155-164.

Gruber A, Dorigo W A, Zwieback S, et al. 2013. Characterizing Coarse-Scale Representativeness of in situ Soil Moisture Measurements from the International Soil Moisture Network. Vadose Zone Journal,（12）：522-525.

Gruber A, Paloscia S, Santi E, et al. 2014. Performance inter-comparison of soil moisture retrieval models for the MetOp-A ASCAT instrument. IEEE Geoscience and Remote Sensing Symposium,（2014）：2455-2458.

Gruber A, Scanlon T, Schalie R, et al. 2019. Evolution of the ESA CCI Soil Moisture climate data records and their underlying merging methodology. Earth System Science Data,（11）：717-739.

Gu Y, Hunt E, Wardlow B, et al. 2008. Evaluation of MODIS NDVI and NDWI for vegetation drought monitoring using Oklahoma Mesonet soil moisture data. Geophysical Research Letters,（35）：1-5.

Hasenauer S, Wagner W, Scipal K, et al. 2006. Implementation of near real-time soil moisture products in the SAF network based on MetOp ASCAT data. Vienna: Citeseer.

He L, Chen J M, Mostovoy G, et al. 2021. Soil Moisture Active Passive Improves Global Soil Moisture Simulation in a Land Surface Scheme and Reveals Strong Irrigation Signals Over Farmlands. Geophysical Research Letters,（48）：1-10.

Hersbach H, Bell B, Berrisford P, et al. 2020. The ERA5 global reanalysis. Quarterly Journal of the Royal Meteorological Society,（146）：1999-2049.

Hoekstra A Y. 2012. The hidden water resource use behind meat and dairy. Animal Frontiers,（2）：3-8.

HoekVan Dijke A J, Herold M, Mallick K, et al. 2022. Shifts in regional water availability due to global tree restoration. Nature Geoscience,（15）：363-368.

Hoffmann L, Günther G, Li D, et al. 2019. From ERA-Interim to ERA5: the considerable impact of ECMWF's next-generation reanalysis on Lagrangian transport simulations. Atmospheric Chemistry and Physics,（19）：3097-3124.

Hohenegger C, Brockhaus P, Bretherton C S, et al. 2009. The soil moisture-precipitation feedback in simulations with explicit and parameterized convection. Journal of Climate,（22）：5003-5020.

Holzman M, Rivas R E, Piccolo M C. 2014. Estimating soil moisture and the relationship with crop yield using surface temperature and vegetation index. International Journal of Applied Earth Observation and Geoinformation,（28）：181-192.

Huang C, Li X, Lu L, et al. 2008. Experiments of one-dimensional soil moisture assimilation system based on ensemble Kalman filter. Remote Sensing of Environment,（112）：888-900.

Huang Z, Hejazi M, Li X, et al. 2018. Reconstruction of global gridded monthly sectoral water withdrawals for 1971-2010 and analysis of their spatiotemporal patterns. Hydrology and Earth System Sciences,（22）：2117-2133.

Jackson T J. 1993. Measuring surface soil moisture using passive microwave remote sensing. Hydrological Processes,（7）：139-152.

Jacobs C M J, Moors E J, Maat H W T, et al. 2008. Evaluation of European Land Data Assimilation System（ELDAS）products using in situ observations. Tellus A,（60）：1023-1037.

Ji L, Senay G B, Verdin J P. 2015. Evaluation of the Global Land Data Assimilation System（GLDAS）air temperature data products. Journal of Hydrometeorology,（16）：2463-2480.

Jia X, Zhu Y, Luo Y. 2017. Soil moisture decline due to afforestation across the Loess Plateau, China. Journal of Hydrology,（546）：113-122.

Jia Y, Jin S, Savi P, et al. 2019. GNSS-R soil moisture retrieval based on a XGboost machine learning aided method：Performance and validation. Remote Sensing,（11）：1655-1679.

Jing W, Zhang P, Zhao X. 2018. Reconstructing Monthly ECV Global Soil Moisture with an Improved Spatial Resolution. Water Resources Management,（32）：2523-2537.

Jung M, Reichstein M, Ciais P, et al. 2010. Recent decline in the global land evapotranspiration trend due to limited moisture supply. Nature,（467）：951-954.

Kalnay E, Kanamitsu M, Kistler R, et al. 1996. The NCEP/NCAR 40-year reanalysis project. Bulletin of the American Meteorological Society,（77）：437-472.

Kamilaris A, Prenafeta-Boldú F X. 2018. Deep learning in agriculture：A survey. Computers and Electronics in Agriculture,（147）：70-90.

Kang S, Eltahir E A B. 2018. North China Plain threatened by deadly heatwaves due to climate change and irrigation. Nature Communications,（9）：1-9.

Karthikeyan L, Mishra A K. 2021. Multi-layer high-resolution soil moisture estimation using machine learning over the United States. Remote Sensing of Environment,（266）：112706.

Kim H, Lee S, Cosh M H, et al. 2020. Assessment and Combination of SMAP and Sentinel-1A/B-Derived Soil Moisture Estimates With Land Surface Model Outputs in the Mid-Atlantic Coastal Plain, USA. Washington DC：IEEE Transactions on Geoscience and Remote Sensing.

Kistler R, Kalnay E, Collins W, et al. 2001. The NCEP-NCAR 50-year reanalysis：Monthly means CD-ROM and documentation. Bulletin of the American Meteorological Society,（82）：247-268.

Knoepp J D, Swank W T. 2002. Using soil temperature and moisture to predict forest soil nitrogen mineralization. Biology and Fertility of Soils, (36): 177-182.

Koech R, Langat P. 2018. Improving irrigation water use efficiency: A review of advances, challenges and opportunities in the Australian context. Water, (10): 1-17.

Koster R D, Dirmeyer P A, Guo Z, et al. 2004. Regions of strong coupling between soil moisture and precipitation. Science, (305): 1138-1140.

Koster R D, Suarez M J, Higgins R W, et al. 2003. Observational evidence that soil moisture variations affect precipitation. Geophysical Research Letters, (30): 1-4.

Krakauer N, Cook B, Puma M. 2010. Contribution of soil moisture feedback to hydroclimatic variability. Hydrology Earth System Sciences, (14): 505-520.

Kseneman M, Gleich D, Potočnik B. 2012. Soil-moisture estimation from TerraSAR-X data using neural networks. Machine Vision and Applications, (23): 937-952.

Kumar S V, Reichle R H, Koster R D, et al. 2009. Role of subsurface physics in the assimilation of surface soil moisture observations. Journal of Hydrometeorology, (10): 1534-1547.

Lacava T, Faruolo M, Pergola N, et al. 2012. A comprehensive analysis of AMSRE C- and X-bands radio frequency interferences. Rome: Microwave Radiometry and Remote Sensing of the Environment.

Lal R. 1974. Soil temperature, soil moisture and maize yield from mulched and unmulched tropical soils. Plant and Soil, (40): 129-143.

Lan X, Guo Z, Tian Y, et al. 2015. Review in soil moisture remote sensing estimation based on data assimilation. Advances in Earth Science, (30): 668-679.

Lary D J, Alavi A H, Gandomi A H, et al. 2016. Machine learning in geosciences and remote sensing. Geoscience Frontiers, (7): 3-10.

Lecun Y, Bengio Y, Hinton G. 2015. Deep learning. Nature, (521): 436-444.

Lee C S, Sohn E, Park J D, et al. 2019. Estimation of soil moisture using deep learning based on satellite data: a case study of South Korea. GIScience & Remote Sensing, (56): 43-67.

Leng P, Song X, Duan S B, et al. 2016. A practical algorithm for estimating surface soil moisture using combined optical and thermal infrared data. International Journal of Applied Earth Observation and Geoinformation, (52): 338-348.

Lesk C, Coffel E, Winter J, et al. 2021. Stronger temperature-moisture couplings exacerbate the impact of climate warming on global crop yields. Nature Food, (2): 683-691.

Li H, Yan J, Yue X, et al. 2008. Significance of soil temperature and moisture for soil respiration in a Chinese mountain area. Agricultural and Forest Meteorology, (148): 490-503.

Li L, Gaiser P W, Gao B C, et al. 2010. WindSat global soil moisture retrieval and validation. IEEE Transactions on Geoscience & Remote Sensing, (48): 2224-2241.

Li M, Wu P, Ma Z. 2020a. A comprehensive evaluation of soil moisture and soil temperature from third-generation atmospheric and land reanalysis data sets. International Journal of Climatology, (40): 5744-5766.

Li X, Jiang W, Duan D. 2020b. Spatio-temporal analysis of irrigation water use coefficients in China. Journal of Environmental Management, (262): 110242.

Li C, Fu B, Wang S, et al. 2021a. Drivers and impacts of changes in China's drylands. Nature Reviews Earth & Environment, 2 (12): 1-16.

Li M, Wu P, Sexton D M, et al. 2021b. Potential shifts in climate zones under a future global warming scenario using soil moisture classification, Climate Dynamics, (56): 2071-2092.

Li Q, Wang Z, Shangguan W, et al. 2021c. Improved daily SMAP satellite soil moisture prediction over China using deep learning model with transfer learning. Journal of Hydrology, (600): 1-14.

Li X, Ren G, You Q, et al. 2021d. Soil Moisture Continues Declining in North China over the Regional Warming Slowdown of the Past 20 Years. Journal of Hydrometeorology, (22): 3001-3015.

Li Z L, Leng P, Zhou C, et al. 2021e. Soil moisture retrieval from remote sensing measurements: Current knowledge and directions for the future. Earth-Science Reviews, (218): 1-24.

Li M, Wu P, Ma Z, et al. 2022. The increasing role of vegetation transpiration in soil moisture loss across China under global warming. Journal of Hydrometeorology, (23): 253-274.

Liang J, Yong Y, Hawcroft M K. 2022. Long-term trends in atmospheric rivers over East Asia. Climate Dynamics, (6): 1-22.

Liang X, Jiang L, Pan Y, et al. 2020. A 10-Yr global land surface reanalysis interim dataset (CRA-Interim/Land): implementation and preliminary evaluation. Journal of Meteorological Research, 34 (1): 101-116.

Line G, Michael D, Barney F. 2003. Land cover change and water vapour flows: learning from Australia. Philosophical Transactions of the Royal Society B Biological Sciences, (358): 1973-1984.

Liston G, Sud Y, Walker G. 1993. Design of a global soil moisture initialization procedure for the Simple Biosphere model. Washington DC: NASA.

Liu C, Zheng H. 2002. South-to-north water transfer schemes for China. International Journal of Water Resources Development, (18): 453-471.

Liu Q, Du J, Shi J, et al. 2013. Analysis of spatial distribution and multi-year trend of the remotely sensed soil moisture on the Tibetan Plateau. Science China Earth Sciences, (56): 2173-2185.

Liu Y, Pan Z, Zhuang Q, et al. 2015. Agriculture intensifies soil moisture decline in Northern China. Scientific reports, (5): 1-9.

Liu J, Zhan X, Hain C, et al. 2016. NOAA Soil Moisture Operational Product System (SMOPS) and its validations. Milan: 2016 IEEE International Geoscience and Remote Sensing Symposium (IGARSS).

Liu D, Mishra A K, Yu Z, et al. 2017a. Performance of SMAP, AMSR-E and LAI for weekly agricultural drought forecasting over continental United States. Journal of Hydrology, (553): 88-104.

Liu Y, Yang Y, Jing W, et al. 2017b. Comparison of different machine learning approaches for monthly satellite-based soil moisture downscaling over Northeast China. Remote Sensing, (10): 1-23.

Liu Z, Shi C, Zhou Z, et al. 2017c. CMA global reanalysis (CRA-40): Status and plans. Rome: 5th

International Conference on Reanalysis.

Liu Y, Yang Y, Yue X. 2018. Evaluation of satellite-based soil moisture products over four different continental in-situ measurements. Remote Sensing, (10): 1-27.

Liu Y, Jing W, Wang Q, et al. 2020a. Generating high-resolution daily soil moisture by using spatial downscaling techniques: a comparison of six machine learning algorithms. Advances in Water Resources, (141): 103601.

Liu Y, Xia X, Yao L, et al. 2020b. Downscaling satellite retrieved soil moisture using regression tree-based machine learning algorithms over Southwest France. Earth and Space Science, (7): 1-25.

Liu Y, Yao L, Jing W, et al. 2020c. Comparison of two satellite-based soil moisture reconstruction algorithms: a case study in the state of Oklahoma, USA. Journal of Hydrology, (590): 1-16.

Liu Y, Zhou Y, Lu N, et al. 2021. Comprehensive assessment of Fengyun-3 satellites derived soil moisture with in-situ measurements across the globe. Journal of Hydrology, (594): 1-18.

Liu J, Rahmani F, Lawson K, et al. 2022. A multiscale deep learning model for soil moisture integrating satellite and in situ data. Geophysical Research Letters, (49): e2021GL096847.

Long D, Bai L, Yan L, et al. 2019. Generation of spatially complete and daily continuous surface soil moisture of high spatial resolution. Remote Sensing of Environment, (233): 1-19.

Luo G J, Kiese R, Wolf B, et al. 2013. Effects of soil temperature and moisture on methane uptake and nitrous oxide emissions across three different ecosystem types. Biogeosciences, (10): 3205-3219.

Luo M, Sa C, Meng F, et al. 2021. Assessing remotely sensed and reanalysis products in characterizing surface soil moisture in the Mongolian Plateau. International Journal of Digital Earth, (14): 1255-1272.

Ma H, Zeng J, Chen N, et al. 2019. Satellite surface soil moisture from SMAP, SMOS, AMSR2 and ESA CCI: A comprehensive assessment using global ground-based observations. Remote Sensing of Environment, (231): 1-14.

Magagi R D, Kerr Y H. 1997. Retrieval of soil moisture and vegetation characteristics by use of ERS-1 wind scatterometer over arid and semi-arid areas. Journal of Hydrology, (s188-189): 361-384.

Mahto S S, Mishra V. 2019. Does ERA-5 outperform other reanalysis products for hydrologic applications in India? Journal of Geophysical Research: Atmospheres, (124): 9423-9441.

Malbéteau Y, Merlin O, Balsamo G, et al. 2018. Toward a surface soil moisture product at high spatiotemporal resolution: temporally interpolated, spatially disaggregated SMOS data. Journal of Hydrometeorology, (19): 183-200.

Malbéteau Y, Merlin O, Molero B, et al. 2016. DisPATCh as a tool to evaluate coarse-scale remotely sensed soil moisture using localized in situ measurements: Application to SMOS and AMSR-E data in Southeastern Australia. International Journal of Applied Earth Observation Geoinformation, (45): 221-234.

Mallick K, Bhattacharya B K, Patel N. 2009. Estimating volumetric surface moisture content for cropped soils using a soil wetness index based on surface temperature and NDVI. Agricultural and Forest Meteorology, (149): 1327-1342.

Mao H, Kathuria D, Duffield N, et al. 2019. Gap filling of high-resolution soil moisture for SMAP/Sentinel-1: a two-layer machine learning-based framework. Water resources research, (55): 6986-7009.

Martens B, Miralles D G, Lievens H, et al. 2017. GLEAM v3: Satellite-based land evaporation and root-zone soil moisture. Geoscientific Model Development Discussions, (10): 1-36.

Martinez C, Hancock G R, Kalma J D, et al. 2008. Spatio-temporal distribution of near-surface and root zone soil moisture at the catchment scale. Hydrological Processes, (22): 2699-2714.

McNally A, Shukla S, Arsenault K R, et al. 2016. Evaluating ESA CCI soil moisture in East Africa. International Journal of Applied Earth Observation and Geoinformation, (48): 96-109.

Meng F, Luo M, Sa C, et al. 2022. Quantitative assessment of the effects of climate, vegetation, soil and groundwater on soil moisture spatiotemporal variability in the Mongolian Plateau. Science of the Total Environment, (809): 152198.

Meng X, Mao K, Meng F, et al. 2021. A fine-resolution soil moisture dataset for China in 2002-2018. Earth System Science Data, (13): 3239-3261.

Merlin O, Chehbouni A G, Kerr Y H, et al. 2005. A combined modeling and multispectral/multiresolution remote sensing approach for disaggregation of surface soil moisture: application to SMOS configuration. IEEE Transactions on Geoscience and Remote Sensing, (43): 2036-2050.

Merlin O, Escorihuela M J, Mayoral M A, et al. 2013. Self-calibrated evaporation-based disaggregation of SMOS soil moisture: An evaluation study at 3km and 100m resolution in Catalunya, Spain. Remote Sensing of Environment, (130): 25-38.

Merlin O, Malbéteau Y, Notfi Y, et al. 2015. Performance metrics for soil moisture downscaling methods: Application to DISPATCH data in central Morocco. Remote Sensing, (7): 3783-3807.

Merlin O, Rudiger C, Bitar A A, et al. 2012. Disaggregation of SMOS Soil Moisture in Southeastern Australia. IEEE Transactions on Geoscience and Remote Sensing, (50): 1556-1571.

Merz B, Plate E J. 1997. An analysis of the effects of spatial variability of soil and soil moisture on runoff. Water resources research, (33): 2909-2922.

Mirzargar M, Whitaker R T, Kirby R M. 2014. Curve boxplot: generalization of boxplot for ensembles of curves. IEEE Transactions on Visualization and Computer Graphics, (20): 2654-2663.

Mishra V, Ellenburg W L, Griffin R, et al. 2018. An initial assessment of a SMAP soil moisture disaggregation scheme using TIR surface evaporation data over the continental United States. International Journal of Applied Earth Observation and Geoinformation, (68): 92-104.

Mitchell K E, Lohmann D, Houser P R, et al. 2004. The multi-institution North American Land Data Assimilation System (NLDAS): Utilizing multiple GCIP products and partners in a continental distributed hydrological modeling system. Journal of Geophysical Research: Atmospheres, (109): 1-32.

Mladenova I E, Bolten J D, Crow W T, et al. 2019. Evaluating the operational application of SMAP for global agricultural drought monitoring. IEEE Journal of Selected Topics in Applied Earth Observations and Remote

Sensing, (12): 3387-3397.

Mohseni F, Mokhtarzade M. 2020. A new soil moisture index driven from an adapted long-term temperature-vegetation scatter plot using MODIS data. Journal of Hydrology, (581): 2-59.

Montzka C, Moradkhani H, Weihermüller L, et al. 2011. Hydraulic parameter estimation by remotely-sensed top soil moisture observations with the particle filter. Journal of Hydrology, (399): 410-421.

Moxham R. 2015. The Great Hedge of India. Paris: Nuclear Energy Agency of the OECD (NEA).

Muñoz-Sabater J, Dutra E, Agustí-Panareda A, et al. 2021. ERA5-Land: A state-of-the-art global reanalysis dataset for land applications, Earth System Science Data, (13): 4349-4383.

Myers-Smith I H, Kerby J T, Phoenix G K, et al. 2020. Complexity revealed in the greening of the Arctic. Nature Climate Change, (10): 106-117.

Naeimi V, Scipal K, Bartalis Z, et al. 2009. An improved soil moisture retrieval algorithm for ERS and METOP scatterometer observations, IEEE Transactions on Geoscience and Remote Sensing, (47): 1999-2013.

National Bureau of Statistics of China. 2020. China Statistical Yearbook. Beijing: China Statistics Press.

Niu G Y, Yang Z L. 2006. Effects of frozen soil on snowmelt runoff and soil water storage at a continental scale. Journal of Hydrometeorology, (7): 937-952.

Njoku E G, Jackson T J, Lakshmi V, et al. 2003. Soil moisture retrieval from AMSR-E. IEEE Transactions on Geoscience & Remote Sensing, (41): 215-229.

O'Neill P, Entekhabi D, Njoku E, et al. 2010. The NASA Soil Moisture Active Passive (SMAP) mission: Overview. Honolulu: Geoscience and Remote Sensing Symposium.

Ojha N, Merlin O, Suere C, et al. 2021. Extending the Spatio-Temporal Applicability of DISPATCH Soil Moisture Downscaling Algorithm: A Study Case Using SMAP, MODIS and Sentinel-3 Data. Frontiers in Environmental Science, 9.

Oltermann P. 2022. Rhine water levels fall to new low as Germany's drought hits shipping. The Guardian. Berlin: The Guardian.

Owe M, De Jeu R, Holmes T. 2008. Multisensor historical climatology of satellite-derived global land surface moisture. Journal of Geophysical Research: Earth Surface, (113): 2-17.

Pan N, Wang S, Liu Y, et al. 2019. Global Surface Soil Moisture Dynamics in 1979-2016 Observed from ESA CCI SM Dataset. Water, (11): 1-17.

Papacharalampous G, Tyralis H, Koutsoyiannis D. 2018. Predictability of monthly temperature and precipitation using automatic time series forecasting methods. Acta Geophysica, (66): 807-831.

Parinussa R M, Holmes T R H, Wanders N, et al. 2013. A Preliminary Study toward Consistent Soil Moisture from AMSR2. Journal of Hydrometeorology, (16): 932-947.

Parinussa R M, Wang G, Holmes T R H, et al. 2014. Global surface soil moisture from the Microwave Radiation Imager onboard the Fengyun-3B satellite. International Journal of Remote Sensing, (35): 7007-7029.

Paris A T, Zribi M, Hasenauer S, et al. 2008. Analysis of surface and root-zone soil moisture dynamics with ERS scatterometer and the hydrometeorological model SAFRAN-ISBA-MODCOU at Grand Morin watershed (France), Hydrology and Earth System Sciences, (12): 1415-1424.

Park S, Im J, Park S, et al. 2017. Drought monitoring using high resolution soil moisture through multi-sensor satellite data fusion over the Korean peninsula. Agricultural & Forest Meteorology, (237-238): 257-269.

Pascolini-Campbell M, Reager J T, Chandanpurkar H A, et al. 2021. A 10 per cent increase in global land evapotranspiration from 2003 to 2019. Nature, (593): 543-547.

Pastor J, Post W. 1986. Influence of climate, soil moisture, and succession on forest carbon and nitrogen cycles. Biogeochemistry, (2): 3-27.

Patel N, Anapashsha R, Kumar S, et al. 2009. Assessing potential of MODIS derived temperature/vegetation condition index (TVDI) to infer soil moisture status. International Journal of Remote Sensing, (30): 23-39.

Pathe C, Wagner W, Sabel D, et al. 2009. Using ENVISAT ASAR global mode data for surface soil moisture retrieval over Oklahoma, USA. IEEE Transactions on Geoscience and Remote Sensing, (47): 468-480.

Paulik C, Dorigo W, Wagner W, et al. 2014. Validation of the ASCAT Soil Water Index using in situ data from the International Soil Moisture Network. International Journal of Applied Earth Observations & Geoinformation, (30): 1-8.

Pedersen J S T, Santos F D, Van Vuuren D, et al. 2021. An assessment of the performance of scenarios against historical global emissions for IPCC reports. Global Environmental Change, 66 (3): 102199.

Pellenq J, Kalma J, Boulet G, et al. 2003. A disaggregation scheme for soil moisture based on topography and soil depth. Journal of Hydrology, (276): 112-127.

Peng J, Loew A, Merlin O, et al. 2017. A review of spatial downscaling of satellite remotely sensed soil moisture. Reviews of Geophysics, (55): 341-366.

Peng J, Loew A, Zhang S, et al. 2016. Spatial downscaling of satellite soil moisture data using a vegetation temperature condition index. IEEE Transactions on Geoscience and Remote Sensing, (54): 558-566.

Pereira L S, Allen R G, Smith M, et al. 2015. Crop evapotranspiration estimation with FAO56: Past and future, Agricultural Water Management, (147): 4-20.

Philip J R. 1957. Evaporation, and moisture and heat fields in the soil. Journal of Atmospheric Sciences, (14): 354-366.

Piepmeier J R, Johnson J T, Mohammed P N, et al. 2014. Radio-Frequency Interference Mitigation for the Soil Moisture Active Passive Microwave Radiometer. IEEE Transactions on Geoscience & Remote Sensing, (52): 761-775.

Pinzon J E, Tucker C J. 2014. A Non-Stationary 1981-2012 AVHRR NDVI3g Time Series. Remote Sensing, (6): 6929-6960.

Poore J, Nemecek T. 2018. Reducing food's environmental impacts through producers and consumers. Science, (360): 987-992.

Puy A, Borgonovo E, Lo Piano S, et al. 2021. Irrigated areas drive irrigation water withdrawals. Nature Communications, (12): 1-12.

Qin J, Yang K, Lu N, et al. 2013. Spatial upscaling of in-situ soil moisture measurements based on MODIS-derived apparent thermal inertia. Remote Sensing of Environment, (138): 1-9.

Qiu B, Chen G, Tang Z, et al. 2017. Assessing the Three-North Shelter Forest Program in China by a novel framework for characterizing vegetation changes. ISPRS Journal of Photogrammetry and Remote Sensing, (133): 75-88.

Qiu J, Gao Q, Wang S, et al. 2016. Comparison of temporal trends from multiple soil moisture data sets and precipitation: The implication of irrigation on regional soil moisture trend. International Journal of Applied Earth Observation & Geoinformation, (48): 17-27.

Quiring S M, Ganesh S. 2010. Evaluating the utility of the Vegetation Condition Index (VCI) for monitoring meteorological drought in Texas. Agricultural and Forest Meteorology, (150): 330-339.

Rahmati M, Oskouei M M, Neyshabouri M R, et al. 2015. Soil moisture derivation using triangle method in the lighvan watershed, north western Iran. Journal of Soil Science & Plant Nutrition, (15): 167-178.

Reich P B, Sendall K M, Stefanski A, et al. 2018. Effects of climate warming on photosynthesis in boreal tree species depend on soil moisture. Nature. (562): 263-267.

Reichle R H, De Lannoy G J M, Liu Q, et al. 2017. Assessment of the SMAP Level-4 Surface and Root-Zone Soil Moisture Product Using In Situ Measurements. Journal of Hydrometeorology, (18): 2621-2645.

Reichle R H, Entekhabi D, McLaughlin D B. 2001. Downscaling of radio brightness measurements for soil moisture estimation: A four-dimensional variational data assimilation approach. Water resources research, (37): 2353-2364.

Reichle R H, Koster R D, Liu P, et al. 2007. Comparison and assimilation of global soil moisture retrievals from the Advanced Microwave Scanning Radiometer for the Earth Observing System (AMSR-E) and the Scanning Multichannel Microwave Radiometer (SMMR). Journal of Geophysical Research: Atmospheres, (112): 1-14.

Reichle R H, Liu Q, Ardizzone J V, et al. 2021. The contributions of gauge-based precipitation and SMAP brightness temperature observations to the skill of the SMAP Level-4 soil moisture product. Journal of Hydrometeorology, (22): 405-424.

Reichstein M, Bahn M, Ciais P, et al. 2013. Climate extremes and the carbon cycle. Nature, (500): 287-295.

Reichstein M, Camps-Valls G, Stevens B, et al. 2019. Deep learning and process understanding for data-driven Earth system science. Nature, (566): 195-204.

Richards L A. 1931. Capillary conduction of liquids through porous mediums. Physics and Chemistry of the Earth. Physics, (1): 318-333.

Ridder K D. 2003. Surface soil moisture monitoring over Europe using Special Sensor Microwave/Imager (SSM/I) imagery. Journal of Geophysical Research, (108): 1-6.

Rienecker M M, Suarez M J, Gelaro R, et al. 2011. MERRA: NASA's modern-era retrospective analysis for research and applications. Journal of Climate, (24): 3624-3648.

Rigden A J, Salvucci G D. 2017. Stomatal response to humidity and CO_2 implicated in recent decline in US evaporation. Global Change Biology, (23): 1140-1151.

Rodell M, Houser P, Jambor U, et al. 2004. The global land data assimilation system. Bulletin of the American Meteorological Society, (85): 381-394.

Rodriguez-Iturbe I, D'Odorico P, Porporato A, et al. 1999. On the spatial and temporal links between vegetation, climate, and soil moisture. Water resources research, (35): 3709-3722.

Rossing W, Zander P, Josien E, et al. 2007. Integrative modelling approaches for analysis of impact of multifunctional agriculture: A review for France, Germany and The Netherlands. Agriculture, ecosystems & environment, (120): 41-57.

Sabaghy S, Walker J P, Renzullo L J, et al. 2018. Spatially enhanced passive microwave derived soil moisture: Capabilities and opportunities. Remote Sensing of Environment, (209): 551-580.

Sadeghi M, Babaeian E, Tuller M, et al. 2017. The optical trapezoid model: A novel approach to remote sensing of soil moisture applied to Sentinel-2 and Landsat-8 observations. Remote Sensing of Environment, (198): 52-68.

Saha S, Nadiga S, Thiaw C, et al. 2006. The NCEP climate forecast system. Journal of Climate, (19): 3483-3517.

Saito K, Fujita T, Yamada Y, et al. 2006. The operational JMA nonhydrostatic mesoscale model. Monthly Weather Review, (134): 1266-1298.

Salvucci G D, Saleem J A, Kaufmann R. 2002. Investigating soil moisture feedbacks on precipitation with tests of Granger causality. Advances in Water Resources, (25): 1305-1312.

Sandholt I, Rasmussen K, Andersen J. 2002. A simple interpretation of the surface temperature/vegetation index space for assessment of surface moisture status. Remote Sensing of Environment, (79): 213-224.

Schmugge T, Jackson T, McKim H. 1980. Survey of methods for soil moisture determination. Water resources research, (16): 961-979.

Seneviratne S I, Corti T, Davin E L, et al. 2010. Investigating soil moisture-climate interactions in a changing climate: A review. Earth-Science Reviews, (99): 125-161.

Shafian S, Maas S J. 2015. Index of soil moisture using raw Landsat image digital count data in Texas high plains. Remote Sensing, (7): 2352-2372.

Sheffield J, Wood E F. 2008. Global trends and variability in soil moisture and drought characteristics, 1950—2000, from observation-driven simulations of the terrestrial hydrologic cycle. Journal of Climate, (21): 432-458.

Sheffield J, Wood E F. 2006. Global Trends and Variability in Soil Moisture and Drought Characteristics, 1950 2000, from Observation-Driven Simulations of the Terrestrial Hydrologic Cycle. Journal of Climate, (21): 432-458.

Shekhar S, Xiong H, Zhou X. 2017. GDAL. // Shekhar S, Xiong H, Zhou X. 2017. Encyclopedia of GIS. Cham:

Springer International Publishing.

Shi C, Jiang L, Zhang T, et al. 2014. Status and plans of CMA land data assimilation system (CLDAS) project. Vienna: EGU General Assembly Conference Abstracts.

Shi C, Xie Z, Qian H, et al. 2011. China land soil moisture EnKF data assimilation based on satellite remote sensing data. Science China Earth Sciences, (54): 1430-1440.

Shrestha A, Nair A S, Indu J. 2020. Role of precipitation forcing on the uncertainty of land surface model simulated soil moisture estimates. Journal of Hydrology, 580, 124264.

Sokol Z, Bližňák V, Michaelides S. 2009. Areal distribution and precipitation-altitude relationship of heavy short-term precipitation in the Czech Republic in the warm part of the year. Atmospheric Research, (94): 652-662.

Spennemann P C, Rivera J A, Saulo A C, et al. 2015. A comparison of GLDAS soil moisture anomalies against standardized precipitation index and multisatellite estimations over South America. Journal of Hydrometeorology, (16): 158-171.

Srivastava P K, Han D, Ramirez M R, et al. 2013. Machine learning techniques for downscaling SMOS satellite soil moisture using MODIS land surface temperature for hydrological application. Water Resources Management, (27): 3127-3144.

Srivastava P K, Han D, Ricoramirez M A, et al. 2015. Performance evaluation of WRF-Noah Land surface model estimated soil moisture for hydrological application: Synergistic evaluation using SMOS retrieved soil moisture. Journal of Hydrology, (529): 200-212.

Stanhill G. 1986. Water use efficiency. Advances in agronomy, (39): 53-85.

Strahler A. 1999. MODIS land cover product algorithm theoretical basis document (ATBD) version 5.0. Boston: Center for Remote Sensing Department of Geography Boston University.

Sun H. 2016. Two-Stage Trapezoid: A new interpretation of the land surface temperature and fractional vegetation coverage space. IEEE Journal of Selected Topics in Applied Earth Observations and Remote Sensing, (9): 336-346.

Sutanudjaja E, Van Beek L, De Jong S, et al. 2014. Calibrating a large-extent high-resolution coupled groundwater-land surface model using soil moisture and discharge data. Water Resources Research, (50): 687-705.

Swenson S, Famiglietti J, Basara J, et al. 2008. Estimating profile soil moisture and groundwater variations using GRACE and Oklahoma Mesonet soil moisture data. Water Resources Research, (44): 1-12.

Tang R, Li Z L, Tang B. 2010. An application of the Ts-VI triangle method with enhanced edges determination for evapotranspiration estimation from MODIS data in arid and semi-arid regions: Implementation and validation. Remote Sensing of Environment, (114): 540-551.

Tian Q, Lu J, Chen X. 2022. A novel comprehensive agricultural drought index reflecting time lag of soil moisture to meteorology: A case study in the Yangtze River basin, China. Catena, (209): 1-13.

Tramblay Y, Bouvier C, Martin C, et al. 2010. Assessment of initial soil moisture conditions for event-based rainfall-runoff modelling. Journal of Hydrology, (387): 176-187.

Tromp-Van Meerveld H J, McDonnell J J. 2006. On the interrelations between topography, soil depth, soil moisture, transpiration rates and species distribution at the hillslope scale. Advances in Water Resources, (29): 293-310.

Tuttle S, Salvucci G D. 2016. Empirical evidence of contrasting soil moisture-precipitation feedbacks across the United States. Science, (352): 825-828.

Van den Hurk B. 2002. Overview of the European Land Data Assimilation System (ELDAS) Project. Washington DC: AGU Fall Meeting Abstracts.

Van der Veer Martens B, Illston B G, Fiebrich C A. 2017. The Oklahoma mesonet: a pilot study of environmental sensor data citations. Data Science Journal, (16): 1-15.

Vargas Zeppetello L R, Battisti D S, Baker M B. 2019. The origin of soil moisture evaporation "regimes". Journal of Climate, (32): 6939-6960.

Vauclin M, Khanji D, Vachaud G. 1979. Experimental and numerical study of a transient, two-dimensional unsaturated-saturated water table recharge problem. Water resources research, (15): 1089-1101.

Wagner W, Dorigo W, De Jeu R, et al. 2012. Fusion of active and passive microwave observations to create an essential climate variable data record on soil moisture. ISPRS Annals of the Photogrammetry, Remote Sensing and Spatial Information Sciences, (I-7): 315-321.

Wagner W, Scipal K, Pathe C, et al. 2003. Evaluation of the agreement between the first global remotely sensed soil moisture data with model and precipitation data. Journal of Geophysical Research: Atmospheres, (108): 1-17.

Walker J P, Houser P R, Willgoose G R. 2004. Active microwave remote sensing for soil moisture measurement: a field evaluation using ERS-2. Hydrological Processes, (18): 1975-1997.

Walker J P, Houser P R. 2001. A methodology for initializing soil moisture in a global climate model: Assimilation of near-surface soil moisture observations. Journal of Geophysical Research Atmospheres, (106): 11761-11774.

Wang A Y, Hu G, Lai P, et al. 2022. Root-zone soil moisture estimation based on remote sensing data and deep learning. Environmental Research, 212 (9): 113278.

Wang C, Xie Q, Gu X, et al. 2020. Soil moisture estimation using Bayesian Maximum Entropy algorithm from FY3-B, MODIS and ASTER GDEM remote-sensing data in a maize region of HeBei province, China. International Journal of Remote Sensing, (41): 7018-7041.

Wang L, Qu J J. 2009. Satellite remote sensing applications for surface soil moisture monitoring: A review. Frontiers of Earth Science in China, (3): 237-247.

Wang T, Zhao Y, Xu C, et al. 2021a. Atmospheric dynamic constraints on Tibetan Plateau freshwater under Paris climate targets. Nature Climate Change, (11): 219-225.

Wang Y, Leng P, Peng J, et al. 2021b. Global assessments of two blended microwave soil moisture products CCI and SMOPS with in-situ measurements and reanalysis data. International Journal of Applied Earth Observation and Geoinformation, (94): 1-13.

Wei J, Su H, Yang Z L. 2016. Impact of moisture flux convergence and soil moisture on precipitation: a case study for the southern United States with implications for the globe. Climate Dynamics, (46): 467-481.

Wei X, Huang Q, Huang S, et al. 2022. Assessing the feedback relationship between vegetation and soil moisture over the Loess Plateau, China. Ecological Indicators, (134): 108493.

Wei Z, Meng Y, Zhang W, et al. 2019. Downscaling SMAP soil moisture estimation with gradient boosting decision tree regression over the Tibetan Plateau. Remote Sensing of Environment, (225): 30-44.

Weisse A, Michel C, Aubert D, et al. 2001. Assimilation of soil moisture into hydrological model for flood forecasting. Journal canadien de télédétection, (29): 711-717.

Wisser D, Frolking S, Douglas E M, et al. 2008. Global irrigation water demand: Variability and uncertainties arising from agricultural and climate data sets. Geophysical Research Letters, (35): 1-5.

Wouters H, Keune J, Petrova I Y, et al. 2022. Soil drought can mitigate deadly heat stress thanks to a reduction of air humidity. Science Advances, (8): eabe6653.

Wu S, Chen J. 2016. Instrument performance and cross calibration of FY-3C MWRI. Milan: 2016 IEEE International Geoscience and Remote Sensing Symposium.

Wu W, Geller M A, Dickinson R E. 2002. The response of soil moisture to long-term variability of precipitation. Journal of Hydrometeorology, (3): 604-613.

Wu Z, Feng H, He H, et al. 2021. Evaluation of Soil Moisture Climatology and Anomaly Components Derived From ERA5-Land and GLDAS-2.1 in China. Water Resources Management, (35): 629-643.

Xie X, He B, Guo L, Miao C, et al. 2019. Detecting hotspots of interactions between vegetation greenness and terrestrial water storage using satellite observations. Remote Sensing of Environment, (231): 111259.

Xin Y, Lu N, Jiang H, et al. 2021. Performance of ERA5 Reanalysis Precipitation Products in the Guangdong-Hong Kong-Macao Greater Bay Area, China. Journal of Hydrology, (602): 126791.

Xing L, Guo H, Zhan Y. 2013. Groundwater hydrochemical characteristics and processes along flow paths in the North China Plain. Journal of Asian Earth Sciences, (70-71): 250-264.

Xing Z, Fan L, Zhao L, et al. 2021. A first assessment of satellite and reanalysis estimates of surface and root-zone soil moisture over the permafrost region of Qinghai-Tibet Plateau. Remote Sensing of Environment, (265): 112666.

Xu C, Qu J J, Hao X, et al. 2018. Downscaling of Surface Soil Moisture Retrieval by Combining MODIS/Landsat and In Situ Measurements. Remote Sensing, (10): 1-16.

Xu J, Ma Z, Yan S, et al. 2022a. Do ERA5 and ERA5-land precipitation estimates outperform satellite-based precipitation products? A comprehensive comparison between state-of-the-art model-based and satellite-based precipitation products over mainland China. Journal of Hydrology, (605): 127353.

Xu L, Baldocchi D D, Tang J. 2004. How soil moisture, rain pulses, and growth alter the response of ecosystem respiration to temperature. Global Biogeochemical Cycles, (18): 1-10.

Xu Y, Cheng X, Gun Z. 2022b. What Drive Regional Changes in the Number and Surface Area of Lakes Across the Yangtze River Basin During 2000—2019: Human or Climatic Factors? Water resources research, (58): e2021WR030616.

Yang F, Huang M, Li C, et al. 2022. Changes in soil moisture and organic carbon under deep-rooted trees of different stand ages on the Chinese Loess Plateau. Agriculture, Ecosystems & Environmental Development, (328): 107855.

Yang J S, Robinson P, Jiang C F, et al. 1996. Ophiolites of the Kunlun Mountains, China and their tectonic implications. Tectonophysics, (258): 215-231.

Yang J, Zhang D. 2019. Soil moisture estimation with a remotely sensed dry edge determination based on the land surface temperature-vegetation index method. Journal of Applied Remote Sensing, (13): 024511.

Yang L, Sun G, Zhi L, et al. 2018. Negative soil moisture-precipitation feedback in dry and wet regions. Scientific reports, (8): 4026.

Yao P, Lu H, Shi J, et al. 2021. A long term global daily soil moisture dataset derived from AMSR-E and AMSR2 (2002-2019). Scientific data, (8): 1-16.

Yin J, Zhan X, Liu J, et al. 2022. A New Method for Generating the SMOPS Blended Satellite Soil Moisture Data Product without Relying on a Model Climatology. Remote Sensing, (14): 1-10.

Yin J, Zhan X, Liu J. 2020. NOAA Satellite Soil Moisture Operational Product System (SMOPS) version 3.0 generates higher accuracy blended satellite soil moisture. Remote Sensing, (12): 1-15.

Yuan L, Li L, Zhang T, et al. 2020. Soil moisture estimation for the Chinese Loess Plateau using MODIS-derived ATI and TVDI. Remote Sensing, (12): 3040.

Zhang D, Zhang W, Huang W, et al. 2017. Upscaling of surface soil moisture using a deep learning model with VIIRS RDR. ISPRS International Journal of Geo-Information, (6): 130-150.

Zhang F, Zhang L W, Shi J J, et al. 2014. Soil Moisture Monitoring Based on Land Surface Temperature-Vegetation Index Space Derived from MODIS Data. Pedosphere, (24): 450-460.

Zhang K, Chao L J, Wang Q Q, et al. 2019a. Using multi-satellite microwave remote sensing observations for retrieval of daily surface soil moisture across China. Water Science and Engineering, (12): 85-97.

Zhang P, Hu X, Lu Q, et al. 2021. FY-3E: The First Operational Meteorological Satellite Mission in an Early Morning Orbit. Heidelberg: Springer.

Zhang Q, Fan K, Singh V P, et al. 2019b. Is Himalayan-Tibetan Plateau "drying"? Historical estimations and future trends of surface soil moisture. Science of the Total Environment, (658): 374-384.

Zhang S, Weng F, Yao W. 2020. A Multivariable Approach for Estimating Soil Moisture from Microwave Radiation Imager (MWRI). Journal of Meteorological Research, (34): 732-747.

Zhang W, Wei F, Horion S, et al. 2022. Global quantification of the bidirectional dependency between soil moisture and vegetation productivity. Agricultural and Forest Meteorology, (313): 108735.

Zhao H, Li J, Yuan Q, et al. 2022. Downscaling of soil moisture products using deep learning: Comparison and analysis on Tibetan Plateau. Journal of Hydrology, (607): 127570.

Zhao W, Li A, Jin H, et al. 2017. Performance evaluation of the triangle-based empirical soil moisture relationship models based on Landsat-5 TM data and in situ measurements. IEEE Transactions on Geoscience and Remote Sensing, (55): 2632-2645.

Zhu P, Jia X, Zhao C, et al. 2022. Long-term soil moisture evolution and its driving factors across China's agroecosystems. Agricultural Water Management, (269): 107735.

Zivot E, Wang J. 2003. Rolling analysis of time series. Modeling Financial Time Series with S-Plus. Heidelberg: Springer.

Zou X, Zhao J, Weng F, et al. 2013. Detection of Radio-Frequency Interference Signal Over Land From FY-3B Microwave Radiation Imager (MWRI). Advances in Meteorological Science & Technology, (50): 4994-5003.

Zuo H C, Lu S H, Hu Y Q, et al. 2004. Observation and numerical simulation of heterogenous underlying surface boundary layer (I): the whole physical picture of Cold Island effect and inverse humidity. Plateau Meteorology, (23): 155-162.

Zwieback S, Colliander A, Cosh M H, et al. 2018. Estimating time-dependent vegetation biases in the SMAP soil moisture product. Hydrology and Earth System Sciences, (22): 4473-4489.